U0162488

本书为新疆维吾尔自治区
图书馆二期改扩建工程项目理论成果

骆卫东 编著

图书馆
工程建设与管理

上海交通大学出版社
SHANGHAI JIAO TONG UNIVERSITY PRESS

内容提要

    本书以新疆维吾尔自治区图书馆二期改扩建工程项目为例,将图书馆工程项目建设的过程和经验进行梳理和总结,主要针对图书馆建设方管理人员的现场工作实践过程进行编写,包括项目建设前期准备工作、设计、造价、招投标、合同、监理、施工管理和竣工验收等内容,力求做到理论联系实际,既注重基本知识的阐述,又对实际工作中遇到的问题进行深入浅出的讲解。

    本书可供各类图书馆从业人员、设计单位以及从事图书馆建设的施工单位或个人阅读。

图书在版编目(CIP)数据

    图书馆工程建设与管理 / 骆卫东编著. 一上海:
上海交通大学出版社,2020

    ISBN 978 - 7 - 313 - 23513 - 8

    Ⅰ.①图… Ⅱ.①骆… Ⅲ.①图书馆建筑-建筑工程-
工程管理 Ⅳ.①TU242.3

    中国版本图书馆 CIP 数据核字(2020)第 127236 号

图书馆工程建设与管理
TUSHUGUAN GONGCHENG JIANSHE YU GUANLI

....

编   著:骆卫东
出版发行:上海交通大学出版社   地   址:上海市番禺路 951 号
邮政编码:200030   电   话:021 - 64071208
印   刷:苏州市古得堡数码印刷有限公司   经   销:全国新华书店
开   本:710mm×1000mm 1/16   印   张:12.75
字   数:212 千字
版   次:2020 年 6 月第 1 版   印   次:2020 年 6 月第 1 次印刷
书   号:ISBN 978 - 7 - 313 - 23513 - 8
定   价:68.00 元

版权所有 侵权必究
告 读 者:如发现本书有印装质量问题请与印刷厂质量科联系
联系电话:0512 - 65896959

前　言

　　建筑(Architecture)在拉丁文中的含义是"巨大的工艺",说明建筑和艺术的密不可分。因此,建筑设计,首重美感。而图书馆建筑设计可以从造型、色调、装饰、平面及空间的变化上运用多种艺术表现手法,将图书馆的建筑形式与功能糅合,达到一种舒畅的审美情境,并与周围景观和谐共生。本书以新疆维吾尔自治区图书馆(以下简称新疆图书馆)二期改扩建工程项目为例,分八章对图书馆工程建设与管理展开论述。

　　第一章对图书馆项目前期准备工作进行分析介绍,主要包括:项目前期准备工作管理的目标及安排、项目前期管理工作内容、项目前期工作管理的措施等。

　　第二章对图书馆建设项目设计管理进行阐述,主要包括:设计管理目标、设计进度控制管理措施、设计变更管理等。图书馆建设项目科学有序的设计管理,可使施工过程更加条理化。

　　第三章说明图书馆建设工程造价管理内容,主要包括:工程造价管理原则及措施、工程造价管理分类、工程造价管理的现状和改进措施等。工程造价管理可为未来工程预算做详细规划。

　　第四章说明图书馆建设项目招投标管理,主要包括:招投标管理原则、招投标管理过程及目标、招投标管理的方法和措施等。通过案例分析,使读者对招投标过程、原则有一定的了解,为工程项目的顺利进行奠定基础。

　　第五章对图书馆建设项目合同管理做了详细介绍,主要包括:合同管理原则、合同管理工作范围、合同管理目标、合同管理承诺、合同管理的方法和措施等,针对合同中出现的问题给出了相应的解决策略。

　　第六章对图书馆建设项目监理管理进行了介绍,主要包括:项目监理单位管理原则、项目监理单位管理措施等。通过案例分析,使读者对监理工作的职责有明确的认知,为图书馆监理工作的顺利进行提供理论依据。

　　第七章、第八章着重介绍了图书馆建设项目的施工管理、图书馆建设项目施工验收管理。主要包括：项目施工进度管理、项目施工质量管理、项目施工安全管理、项目施工验收目标、项目施工验收内容、项目施工竣工决算等。通过案例分析，对施工各个环节中的问题都做了详细解释说明，也使读者更加深入了解了施工的过程。

　　由上述内容可知，在工程建设过程中，采取科学的管理方法，落实项目主体责任制、积极推动项目安全管理、加强工程项目进度管理等，可有效促进图书馆综合体工程建设管理的可持续发展。

　　在撰写本书的过程中，新疆图书馆馆长历力及基建办戴豫君、程杰、何福文等同志给予了众多帮助与关心，在此表示衷心感谢。由于时间仓促和各方面的主客观原因，书中一定还存在许多不足之处，恳请前辈、同行以及广大读者批评指正。

目　　录

第一章 图书馆建设项目前期准备

第一节 前期管理的目标及安排

图书馆建设正处于应用新的建筑设计理念、技术以及设备新建、扩建和改建的蓬勃发展时期。作为一座城市标志性的建筑,公共图书馆在空间上会反映一定的地域文化特征,同时,也会在一定时间内集中反映人类社会经济、文化、文明发展水平。如何适做到既能应社会文化、文明发展潮流,又能倡导先进文化、文明(如人本主义、可持续发展精神等),是摆在公共图书馆从业人员,特别是公共图书馆馆长面前的一道难题。

一、前期管理的目标

(一)成立设计规划领导小组

当前,公共图书馆的建筑功能不断趋向多元化,公共图书馆的建筑设计也因此要具有较强的适应性,在空间布局和功能规划上具有前瞻性、灵活性、可拓展性以及经济适用性,以满足不同类型读者的需求,保持建筑与环境的协调发展。

成立设计规划领导小组是公共图书馆建筑前期策划的第一步。一般来说,该小组应由分管基建的领导或图书馆馆长牵头,由基建处、图书馆、财务处、设备处等负责人(同时必须是业务专家)组成。对于公共图书馆而言,最好能有两人参与到该小组中:馆长及一名新馆建设专职人员。公共图书馆参与人员在小组中是关键人物,因为现代图书馆建设涉及太多的专业技术问题,没有一位精通业务和技术的图书馆工作人员参与其中,要想建成一座符合实际需求的图书馆是完全不可能的。对于图书馆参与人员来讲,需要具备多方面的能力。首要一点,必须了解图书馆内部工作规律,了解图书馆员工作的实际情况和各项需求。就图书馆工作来讲,首先,馆舍内部的卫生设施要求相对要高,譬如洗手的便利程度;其次,图书馆参与人员必须能与图书馆各部门以及新馆建筑专业咨询人员保持及时并且良好的沟通,因为其肩负着撰写新馆建筑任务书草稿的艰巨任务;最后,也是最为重要的方面,图书馆参与人员必须具备极强的工作责任感。因为新馆建筑设计阶段涉及工作异常烦琐,没有极强的工作责任感,很难在如此繁杂的工作中做到游刃有余。

同时,小组内每一位成员都是不可或缺的。单就作为分管建筑设计的小组负责人的副馆长而言,除了要全面统筹安排整个设计阶段的常规性工作之外,还要从思想上给予其他组员以指导,确定和引领整个实施小组的全局观,协调馆内馆外等多方面关系,尤其是在多方意见不能统一的情况下,要能做出符合全局性的决策。这些都是极为重要的部分。

(二)聘请专业咨询人员

设计规划领导小组成立后,图书馆相关人员应该马上聘请一至数位建筑设计专业咨询人员,并且应当保证咨询服务贯穿于整个新馆建设全程。据笔者调查,目前很多公共图书馆建设前期由于经费等多种限制,存在直接忽略此环节或者存在仅在某个环节聘请短期顾问的情况。这种做法对于整个新馆建设而言,可能会埋下隐患。因为新馆建设过程中很多问题是完全不可预测的,可以说任何环节都可能存在问题,专业的咨询服务是必要的。

美国图书馆的建筑设计理念中有一条论述:一位优秀的图书馆建筑咨询人员,带来的回报将是十倍于他的工资。咨询人员将加快设计、规划进程,最大限度地提高图书馆馆舍利用效率,当然,还能降低建筑成本。咨询人员在正式开始工作之前,一定会花费一至两天的时间查看建馆场地,感受整体文化氛围,了解读者的切实需求,以便更多地了解图书馆建筑设计的中心任务。在了解了所应该了解的一切情况后,咨询人员会马上投入新馆建设项目中。他将审视项目的每一步进程,从任务书草稿的制订到任务书定稿,从设计图纸草图的出炉到最终设计图纸的确定,从招标文件的准备到图书馆后期装修、装饰,他都会全程参与并给予有效意见。

（三）做好信息收集与学习研究

设计规划领导小组成员应该在专业咨询人员的指导下以最快的速度收集、阅读一些图书馆建筑方面的资料。事先研读这些材料,对于设计规划领导小组成员更好地了解、策划和实施整个建设全程,具有很好的引导和指导作用。

在与图书馆建筑设计相关的材料中,中文资料部分最为重要者莫过于中国建筑工业出版社出版的《图书馆建筑设计规范》①。该书是中华人民共和国行业标准丛书之一,可称为图书馆建筑之宝典,许多重要设计指标均有涉及②;英文资料部分推荐 Philip D. Leighton 和 David C. Weber 撰写的 *Planning Academic and Research Library Buildings*,由总部位于纽约的麦格劳-希尔公司 1965 年出版,年代有点久远,但对图书馆建筑的论述十分全面,而且还附有非常有用的专题书目,不可不读。另外,李明华等主编并由北京图书馆出版社 2003 年出版的《中国图书馆建筑研究跨世纪文集》也收集了许多有一定参考价值的文章。

（四）前往目标馆实地参观考察

做实地考察,首先要选好目标馆。一个不成功的目标馆的选择只会浪费时间,并且可能引起思想上的混乱。其次,小组成员最好两人或两人以上结伴而行。这样,图书馆员在以后的小组讨论乃至新馆建设实践中将赢得一个或多个支持者。最后,也是最为重要的一点,必须和目标馆馆长进行一次或多次长谈,这样才能获得深入的第一手的经验。另外,在参观考察时,不仅要关注图书馆的面积、灯光、层高、荷载、座位数、防盗、通风、外观、形状、石材等方面的问题,还应该关注家具的品牌、设备配置、图书馆内部交通以及静音等问题。

通过对比参观美国多所新建的图书馆,笔者发现它们在建筑外观上具有的一个共同特点是,没有气派、空荡的大厅和多层的台阶。如果年长读者每次来图书馆都要爬上高入云霄的台阶,穿过宽大气派的大厅,恐怕只剩下喘气和对图书馆这座知识宫殿高山仰止的敬仰之心了。因此,图书馆作为城市标志性建筑,到底应该重形式还是重人文精神的倡导,是摆在图书馆建筑设计师面前亟

① 中国建筑西北设计研究院.图书馆建筑设计规范[M].北京:中国建筑工业出版社,1999.
② 玉赫.建筑工程事故处理手册[M].北京:中国建筑工业出版社,1994.

须思考的问题。

(五)聘请专业人员做好规划

(1)新图书馆建成后预期使用年限;

(2)在新图书馆建成使用期间,图书馆将要入藏的最大资源总量,包含书刊以及其他资源。

以上这些数据须与社会发展相一致,须根据未来10~20年的发展规划来确定,均应经过缜密计算和评价后由专业人员出具。

(六)撰写新馆建设任务书

新馆建设任务书可以集中反映图书馆建筑的各项功能。在专业人员给出上述基本数据之后,设计规划领导小组可以估算出新图书馆的面积并由此做出预算。然后,在专业咨询人员的配合下,小组内的图书馆工作人员撰写包括家具、设备清单、网络布线、信息点具体分布,以及各业务区间面积划分等尽可能详尽的新馆建设任务书。初稿完成后应交由图书馆全部工作人员充分讨论,并由建筑咨询人员做出修改,形成第二稿。经反复讨论、修改无异议后,新馆建设任务书可宣告完成,至此即可进入下面的实施阶段。

二、前期管理的安排

(一)前期工作协调管理

对于图书馆项目,施工前的准备工作非常多,不仅涉及内部的方方面面,还要与社会诸多部门保持密切联系。项目管理方既要派出得力人员对施工前期工作进行协调、规划,又要尽快与业主、使用方及地方政府、主管部门和相关的协作单位建立密切的联系,以消除建设期间可能碰到的障碍,疏通有关渠道,提高准备工作效率,为项目建设创造一个和谐、融洽的内外部环境,同时也为工程的开工和后续施工顺利进行打下良好基础。具体包括以下方面。

(1)项目管理方须由有经验的专业人员组成,进驻施工现场,授权全面负责组织实施全过程项目管理。对工程的工期、质量、造价、安全和交付使用后的保修工作负责。主要职能包括:统一对外、统一指挥、统一部署、统一计划、统一管理,对所有参建单位实行指挥、协调、监督;对承包合同的工期、质量、造价实施动态控制与管理。

(2)对施工现场临时设施统一规划、组织、设计与施工。

（3）对测量、定位和轴线控制网实行统一控制。

（4）编制项目管理实施方案及质量控制计划。对施工单位编制的施工组织计划及对进度、质量、投资控制措施、机构设计、人员配备、安全、文明施工措施是否满足工程的要求进行审核。

（二）场地平面管理

图书馆项目参建的施工单位较多，专业配套复杂，作业区域、时间比较集中，而整个施工场区内可供施工单位使用的场地有限，为减少各施工单位间的相互干扰，项目管理方必须合理地进行施工总平面布置，严格做好总平面管理工作，这是图书馆项目管理的一项重要工作内容。

（1）根据国家、省、市、自治区有关文明施工的规定以及公共图书馆工程的特点，由项目管理方统一制定临时设施搭建标准，统一临时设施外观，使临时设施的搭建规范化，为创建文明施工样板工地奠定基础。严格执行施工总平面布置方案审批制度，对施工单位未经审核乱搭乱建的违章建筑责令拆除，并给予相应处罚。

（2）成立施工总平面管理小组，制订总平面管理制度。指定专人定期对各参建单位施工场地进行巡查，监督、检查各参建单位是否按项目管理方及监理工程师审批的施工场地布置方案搭建临时设施，对不按审批方案进行平面布置的，责令改正，杜绝乱搭乱建现象的发生。

（3）成立安全生产、文明施工领导小组，建立健全安全生产、文明施工管理制度。指定专人不定期地对各施工单位的施工场地进行巡查，发现乱堆乱放材料，不符合安全生产、文明施工规定的现象立即制止，并对相关责任人进行处罚。

（4）成立交通疏解及施工便道维护小组，协调解决施工现场与外部及各施工区段之间的联系通道问题，满足施工运输要求，确保施工期间道路畅通，并负责对施工主干道及主排水沟进行维护，保持道路畅通，排水顺畅。

（5）成立施工用水、用电管线维护小组，负责对施工用水、用电主管线的维护，及时排除隐患，督促各施工单位做好其施工用地内施工用水、用电管线的维护工作，保证施工用水、用电的供应。

（6）成立安全保卫小组，统一部署施工场区内的安全保卫工作。在场区出入口设保安员看守。夜晚，组织保安巡逻队在场区内巡逻，防火防盗。

（7）按总承包施工总平面图的要求，设置闭路电视监控系统。24 小时闭路电视监控系统是总承包管理的重要组成部分，根据工程施工各阶段实际需要设置足够数量的摄像头，对施工机械、材料设备、人员调动、施工进度及安全文明施工等进行全方位监控。

（8）按总平面管理要求及工程特点，分别编制分阶段平面布置，确保各施工单位的施工区段均按编制的分阶段布置图要求施工。

（9）负责协调项目建设期间现场与周围居民、地方政府及管理机构的关系，确保工程建设的顺利进行。

（10）认真做好以下标识工作：

①在施工场区主要出入口处设置导向牌，上贴场区施工总平面布置图，注明各有关单位办公地点，在施工便道交叉口处设交通指示牌；

②在各单位施工场地外围墙上按统一格式标识施工标牌内容；

③在容易出现危险地方挂设安全警示牌。

（三）设计工作协调管理

为了使项目的设计能较好地满足使用要求，必须事先做好设计全过程的管理工作。

要求项目管理方由项目经理牵头，设计管理工程师负责重点落实本项目建筑方案深化设计过程中与使用方以及有关部门专业人士的咨询、沟通工作，多方面吸收他们对本项目的功能要求和建议，特别是认真参考本项目的专家顾问团对本项目提出的建议，并将这些建议反馈给设计单位，以便及时体现在本项目的建筑方案深化设计当中，使项目设计达到使用方的要求。提前预防由于沟通不力造成的设计思想偏差。

（四）前期招标工作管理

做好施工招标代理工作同样是项目前期工作管理的重要环节，其结果影响到整个项目后续工作的质量。

施工图设计完成后，项目管理方招标造价工程师应组织招标代理单位做好施工招标的前期准备工作，认真编制招标文件、工程量清单计算表，选择分包合同结构，编制招标方法，征询业主、使用方的意见后，由项目管理方招标主管负责按规定程序组织施工招标工作，择优选择施工单位。

第二节　前期管理工作内容

对于图书馆一方来说,要使建成的新图书馆体现先进性和实用性,符合图书馆业务工作流程和未来发展的需要,做好图书馆建设的前期准备工作至关重要。

一、项目前期管理工作主要内容

(一)明确图书馆建设的指导思想

图书馆新馆舍的建设是百年大计,不是图书馆现有设施的简单搬家和面积的扩充,而是对图书馆的一次全面改革,是传统图书馆和现代化图书馆的分水岭。因此,必须明确新馆建设的指导思想,通过参观、考察,组织全馆人员,特别是业务骨干的大讨论,广泛听取各方面意见。同时,做好汇报和宣传,争取在经费投入上有个较高的标准。在基建经费基本确定的前提下,图书馆新馆建设的指导思想大致应包括以下内容。

(1)服务定位。图书馆是文献信息的中心,是读者从事学习与研究的学术活动中心,是为读者提供有效、快捷的文献信息查询服务,提供优美、舒适、安静的内外环境的地方。

首先,图书馆要成为文献信息中心,就要实行高度集中的管理体制,文献要相对集中,文献购置费要有保证,现代化信息检索设备要能适应读者需要,图书馆总体设计要突出文献信息中心这个主题。

其次,图书馆要成为读者从事学习与研究的学术活动中心,不仅书刊采集要结合本馆专业设置,重视学术著作的选购,在新馆舍的业务布局上,也要考虑设置学术活动场所,如研究间、学术报告厅等。

再次,图书馆要向读者提供有效、快捷的文献信息查询服务,除了文献采集要有基本保障之外,在馆舍布局上,要考虑大进深、大开间、开放式的方案,以为读者提供尽可能多的便利。

最后,图书馆要为读者提供优美、舒适、安静的内外环境,有几个共性问题值得引起注意。其一,馆址的选择要远离繁华街道,尽可能选在安静地带;其二,要有超前意识,考虑中央空调配备问题。社会的发展往往超出我们的想象,如果在经济条件具备后再加中央空调,操作起来要困难得多。因此,若全面使用中央空调在资金支付方面有困难,可先利用中央空调管道送风。过去有一种观点认为图书馆的每一寸面积都要充分利用,反对设置比较宽敞的读者活动区,认为这是一种浪费,这种观点在过去有其积极意义,但随着社会的发展,完全照搬已不可取。整个社会的建筑标准都在提高,图书馆作为城市的标志性建筑,当然也不例外。建筑是艺术,是美的集合,作为知识殿堂的图书馆,不仅外形要美,内部也要给人以美感。给读者提供优美的环境,既包括优美的学习环境,也应包括宽敞、漂亮的休息和活动空间。落实到建筑设计上,主要是指宽敞漂亮的中央大厅、读者休息厅和各层的公共活动区。当然,能实现到什么程度,还要根据总建筑面积、经费投入的水平来决定。总而言之,要优先保证业务用房,不能本末倒置。

(2)管理定位。图书馆要方便读者利用,也要便利管理,应实行科学的管理与服务方式,建议按文献内容、类型及载体实行藏借阅合一的布局,以开架服务为主。

(3)硬件设施。图书馆要采用各种现代化设施,为文献收集、整理、保藏、利用提供一流的条件。

这里的现代化设施主要包括:先进的网络设施、电子文献检索设备、声像服务设备、听音设备、复印设备等。落实到建筑设计上,除了要为上述服务设施提供充足的面积外,更重要的是在网络布线上要有超前意识,要考虑以下几方面的需求:①内部业务工作;②电子文献阅览;③公共计算机检索;④分散到各借阅室的计算机检索;⑤研究间用计算机检索;⑥阅览区内为读者自备笔记本电脑用的信息点;⑦藏书区做数据用的信息点;⑧报告厅、多功能厅学术活动用的信息点。

这些方面考虑周到了,整个图书馆就基本成了信息大厦,为图书馆的数字化做到了"粮草先行"。现代图书馆普遍采用墙内布线,在这个问题上如果过于保守,以后追加布线将破坏墙面,施工也比较困难。

(4)未来发展性。新馆要实用、灵活,对于图书馆未来的发展要具有较大的适应性。要实用、灵活,就要采用模数式设计,少设小房间,少砌硬墙,选用复柱式书架,便于调整架位。随着城市的发展和图书馆藏书的增加,图书馆免不了再次扩建,因此,新馆现在的格局要与未来的发展联系起来考虑,并留出适当的扩建用地,正式列入建设规划。

(二)规划好图书馆的业务布局和机构设置

业务布局是新馆设计的前提。因此,在提出设计任务书之前,必须对新馆的业务布局进行充分的讨论。各馆的情况尽管不同,但以下几个问题应该引起足够的重视。

1. 全开架与半开架的利弊比较

全开架与半开架问题虽然不涉及新馆建筑设计,却涉及业务布局和家具、设备的购置。当前,比较普遍的看法是:全开架是未来发展方向。诚然,从传统图书馆的以藏为主到现代图书馆的以用为主,开架是观念的革命,但是,很少有人注意到,全开架在为读者带来方便的同时,也存在着明显的弊端。笔者因工作关系参观过不少图书馆,注意到一个比较普遍的现象,凡是全开架的阅览室,因不允许读者带书或包,利用率都比较低。最近,某图书馆的新任馆长,对开架阅览室读者稀少,自习区却争相占座的现象很关注,决定各读者阅览室一律改为半开架,受到广大读者的欢迎。图书馆的主要服务对象是读者,他们来图书馆,既想带上自己的常备书籍,也想随时参考图书馆的丰富藏书。禁止读者带自备图书进图书馆,不符合读者的学习规律,因而必然遭到读者的反对,也使阅览室的利用率大幅度降低。如果能既允许读者带书或包进入阅览室,又能实行全开架,自然更受读者欢迎。有极少数图书馆也正在大胆尝试,但是否与读者的基本道德水准相适应,还有待实践检验。一种行之有效的办法是实行半开架。所谓半开架,也不过是在阅览区与藏书区中间设一人为屏障,让读者可以带书包进入阅览区。读者进入藏书区选书时需经设有值班人员的入口并交验个人证件,选好后要经值班人员办一下手续。这并不会给读者带来什么不便。它的主要弊端在于可能会使阅览室变成准自习室,自习者多,借书者少。但认真地想一想,让读者享受一下图书馆的优美环境和学习氛围也没有什么不好,总比多数座位闲置强得多。从经济角度考虑,实行半开架可以不设读者存包柜,甚至可以不设图书防盗器和电视监控装置。节约下来的钱如能够用来买书,比可能丢失的图书价值要高出许多倍。只要不把读者当成贼,既做到一切为读者着想,又注意加强管理,许多看似定论的东西都可以突破。

2.图书馆的机构改革

新馆的业务用房和办公用房规划是由图书馆的机构设置决定的。但是,图书馆的机构设置不同于行政机关,不必追求数量上的精简幅度。机构调整也是为顺应新馆建成后的业务工作需要,以理顺工作流程,减少中间环节为目的。各馆的情况不同,不必追求某一固定模式。一般来说,为了使后勤工作与业务工作紧密结合,更好地为业务工作服务,可将业务办公室与行政办公室合并;馆内未设专业参考阅览室的,可将流通部与阅览部合并,成立流通阅览部;馆内设专业参考阅览室的,保留流通部,采用藏借阅为一体格局,设参考阅览部,统一管理各参考阅览室;期刊部门一般是馆里的花钱大户,业务上有自己的特点,已经多年实行期刊工作一条龙的图书馆,不一定要效仿西方模式,将其拆散与其他部门合并,这样对工作没有什么好处,期刊借阅人员合并到流通阅览部门,会使这个本来人数较多的部门编制进一步加大,给管理工作增加难度。机构调整涉及中层干部的调动,既要有改革的魄力,又不能简单从事,挫伤工作人员的积极性。

二、图书馆方在新馆建设中的主动作用

一些图书馆新馆建设的一个主要问题是基建主管部门、新馆设计部门和图书馆缺少足够的联系和协商,图书馆的意见得不到应有的重视,直至新馆落成投入使用才发现这样那样的问题。

(一)对新馆建设的理论和实践做必要的研究

图书馆建设是个耗资巨大的高标准工程,一般来说,要有一个较长的酝酿和准备过程。图书馆工作人员是新馆舍的用户,是它的主人,理应以主人的地位和姿态来关心新馆的建设。但是,如果主人缺少新馆建设的必备知识,即使提出意见也无法引起基建主管部门和设计单位的重视。诚然,图书馆工作者不大可能真正掌握高深的建筑理论,事实上也没有这个必要,但是作为用户,应该对一些基本内容有个大概的了解,譬如进深、开间、柱网、荷载、层高、吊棚后的净高等,对公共图书馆建筑和业务发展的最新趋势有比较深入的研究,不能任务来了临时抱佛脚,要组织人员对近年来公共图书馆建设进行考察,以便获取经验教训。

(二)加强与基建主管部门和设计部门的联系与沟通

设计任务书一般由图书馆和基建处共同提出,新馆的总建筑面积,中央大厅的规模、外形要求是否设中央空调等,图书馆可以参与意见,但主要由基建处

领导研究决定。图书馆方应该提出的主要是对业务布局,各种用房的面积,以及阅览室吊棚后的冲高等方面的要求。如果事先能和设计部门在新馆外形、层数等方面达成默契,在此基础上提出各种用房的平面图供设计部门参考,会使设计部门对设计任务书有个直观的了解,在此基础上产生的设计图第一稿容易和用户意图接近。只要中标的设计单位有比较丰富的图书馆设计经验,由用户提出的平面建议图不但不会束缚设计单位的手脚,反而有利于其运用丰富的经验,进一步完善设计。

设计图第一稿出图后,图书馆方要组织业务骨干,特别是部主任以上干部反复讨论,与基建处商得一致,经馆领导审阅同意后,送还设计部门修改。当然,公共图书馆讨论的主要是业务用房和总体布局,楼的外形、中央大厅和读者活动区以及楼的外部环境、总建筑面积等,要由领导研究决定。

在此基础上产生的第二稿设计图,就业务布局来说,会与用户要求基本一致。对整个设计没有其他修改的情况下,公共图书馆应把网络布线的点数和具体位置、特殊用电的部位和负荷、特殊藏书区的荷载要求(如设密集架书库区加大荷载)、特殊防火部位的消防要求、特定书库和特殊用房的恒温恒湿要求(如善本书库、计算机房)等提交设计部门,供设计单位最后确定平面图和制定施工图参考。以上细节考虑周到了,就能使设计部门充分了解用户的意图,减少或避免大的改动。

平面图定稿后图书馆可以据此做出各种设备和钢木家具的详细预算,供研究总预算时参考。

图书馆方要想在新馆建设中处于主动地位,图书馆的领导一要高度重视,组织得力人员负责各方面工作;二要与基建主管部门做好联系与沟通,取得各方面的理解和支持。

第三节　前期工作管理措施

建设一所能充分体现公共图书馆特点和要求的现代化图书馆馆舍,做好新馆舍建设前期工作(即工程施工前的各项工作)是至关重要的。而公共图书馆要做好这方面的工作,就必须明确新馆舍建设前期工作的程序与内容。然而,目前图书馆界对此问题还没有引起足够重视,亟待公共图书馆界同仁进行深入探讨和总结。结合新馆舍建设前期工作,借鉴他馆的建馆经验,我们对公共图书馆新馆舍建设前期工作程序与内容进行了如下总结和探索。

一、规划

规划阶段的工作任务是向上级主管部门提出建设图书馆新馆舍的请求,并将新馆舍建设列入上级主管部门的整体规划。在这个阶段,图书馆方要做好以下几方面工作。

(1)主动与上级主管部门联系,了解上级主管部门的整体建设思路和发展规划,掌握规划中有关图书馆建设的情况,并定期向上级主管领导提出图书馆建设与发展设想。

(2)根据图书馆发展趋势及上级主管部门对图书馆建设的意图,把握时机,适时向上级主管部门提交图书馆新馆建设的书面请求。

(3)组织专门人员,撰写《建设图书馆新馆舍的请示》,简要介绍旧馆舍的现状,阐明建设新馆舍的必要性和重要意义,并进行效益分析,供上级主管领导决策时参考。

(4)充分利用有关领导、专家和其他人员来馆参观考察,以及开展读者公益活动等机会,采取积极措施,广泛宣传图书馆的地位、作用和建设新馆舍的必要性,创造良好的社会舆论,积极促成图书馆新馆舍建设项目及早列入上级主管部门的整体建设规划中。

二、立项

立项阶段的工作任务是编制并向上级规划部门呈报《图书馆新馆舍建设项目可行性研究报告》,由上级规划部门组织专家对其进行审议,审议通过后,批准立项。在这个阶段,图书馆要做好以下几方面工作。

(1)向上级组织和领导建议成立新馆建设领导小组,由图书馆委派一位馆领导作为小组成员参与新馆建设全过程的决策。

(2)组织专门人员在调研的基础上起草《图书馆新馆舍建设项目可行性研究报告(草案)》,内容包括图书馆新馆建设指导思想和原则、旧馆舍现状及存在的问题、新馆建设的必要性、新馆建设规模及建设内容、新馆选址、新馆建设项目实施方案、工程投资估算及效益分析等①。

（3）在草案的基础上，协助基建部门委托有资质的建筑设计单位编制正式的《图书馆新馆舍建设项目可行性研究报告》，其内容除草案已含内容外，还应包括本报告编制依据，新馆配套条件，新馆建筑方案设计，新馆的环保、消防和节能，工程各项目的具体投资估算以及研究结论，另附新馆建筑设计方案图和新馆信息网络设计方案。

（4）参与上级主管部门组织的对《图书馆新馆舍建设项目可行性研究报告》的自审，并协助设计单位对其进行修改。

（5）协助基建部门将《图书馆新馆舍建设项目可行性研究报告》正式文本及新馆用地规划图按要求呈报给上级规划部门。

（6）按照上级规划部门的部署和上级主管部门要求，参与上级规划部门组织的对《图书馆新馆舍建设项目可行性研究报告》的审议。审议通过后，由上级规划部门下达立项批文。

三、调研

调研阶段的工作任务是采取多种方式学习有关公共图书馆建筑的理论和国家的有关规定，收集国内外有关图书馆建筑的资料，实地考察国内外有特色的图书馆建筑，在综合分析研究的基础上，借鉴他馆经验教训，探索图书馆发展趋势和现代化图书馆建筑模式，为新馆舍建设提供理论和实践依据。在这个阶段，图书馆要做好以下几方面工作。

（1）组织专门人员认真学习有关图书馆建筑理论和国家有关规定。如李明华等主编的《论图书馆设计：国情与未来——全国图书馆建筑设计学术研讨会文集》、单行主编的《图书馆建筑与设备》、鲍家声的《图书馆建筑》、吕樾的《图书馆建筑设计》等著作和有关学术论文，国家颁布的《图书馆建筑设计规范》以及国家有关部委颁发的其他有关图书馆建筑规划的标准等。

（2）采取信函、电话、网络等联络方式，有针对性地查询获取国内外有关图书馆建筑的资料，通过订购、交换等方式，收集国内外公开发表或内部交流的有关图书馆建筑方面的文献资料。

---

① 郑志恒，孙洪，张文举.项目管理概论[M].北京：化学工业出版社，2012.

（3）派员参加由上级主管部门组织的对国内外有特色的图书馆的实地考察，重点了解图书馆的造型、结构、布局、功能、组织与管理、设施、设备和家具配置，以及自动化和网络化建设等情况，从中吸取经验和教训。考察结束后，在认真总结的基础上，撰写考察报告并呈报上级主管部门。

（4）发动全体工作人员对图书馆发展趋势和现代化图书馆建筑模式进行广泛深入的探讨，重新进行图书馆工作设计和服务设计，对图书馆管理思想进行变革，并为新技术的应用创造条件，使新馆舍建设不拘泥于原有图书馆的管理与服务体系，起到促进图书馆实现质的飞跃的作用。

四、设计

设计阶段的工作任务是确定建筑设计单位，完成新馆建筑的初步方案设计和建筑施工设计。在这个阶段，公共图书馆要做好以下几方面工作。

（1）组织专门人员撰写《图书馆新馆舍建筑设计任务书》，其内容包括新馆设计指导思想和原则、新馆规模和依据、新馆选址、新馆设计要求、新馆的管理与服务，以及各楼层、各类用房布局和使用面积分配表附件等。其中新馆设计要求应详尽、具体，如建筑造型、色彩、结构、布局、功能、建材、装饰、内外环境、设施、设备和各类用房的特殊要求，以及自动化系统、信息网络系统、通信系统的设计方案，甚至每个房间网络信息接口的数量与位置，各类设施、设备的数量与位置都应明确。采取各种方式反复征求全体工作人员对《图书馆新馆舍建筑设计任务书（草案）》的补充修改意见，在此基础上进一步对其进行修改和完善，并召开馆务会，讨论通过《图书馆新馆舍建筑设计任务书》，然后将其提供给建筑设计单位。

（2）在新馆建设领导小组的领导下，参与建筑设计单位的确定。其确定方式一般为委托设计、招标和议标三种，可根据实际情况，确定其中某一种方式。

（3）参与新馆设计方案的审议。参加上级主管部门组织的对建筑设计单位提交的多套设计方案进行比选的方案审议会，并协助基建部门对审议会确定的设计方案写出详细的意见书。待设计部门修改后，将审议结果和多套设计方案一并报送上级规划和基建部门以及有关领导审定。

（4）参与新馆初步设计的审议。在建筑设计单位按上级规划和基建部门审定的设计方案进行初步设计后，图书馆应积极参加上级主管部门组织的初步设计方案审议会,协助基建部门将会议提出的修改意见写成详细的意见书,及时反馈给建筑设计单位进行修改,然后报送上级基建部门审定。

(5)参与新馆建筑施工设计的审议。在建筑设计单位按上级基建部门审定的新馆初步设计方案编制建筑施工草图后,图书馆方应积极参加上级主管部门组织的对建筑施工草图的审议会。这是最后一次对建筑设计的修改,应认真仔细,避免遗漏。一旦正式施工蓝图绘制完成,不但不便更改,而且将成为各方信守的规定。图书馆要协助基建部门将修改意见列表详尽说明,转送建筑设计单位,让其按修改意见绘制正式施工蓝图。至此,新馆舍建设前期工作即告结束,之后将进入新馆舍建筑施工阶段。

第四节　案例分析:新疆图书馆二期改扩建工程项目前期准备工作

前文从宏观层面对图书馆建设项目前期准备工作做了概述,本节以新疆图书馆二期改扩建工程项目建设前期细节准备工作为例,对工程前期的建筑目标、方案设计、依据等进行说明。该工程是改扩建工程,其特点是在原建筑不拆除的情况下与新建建筑相连并对原建筑进行加固改造。难点在于对原建筑的加固及基础的托换等。

针对该工程,项目部与各专项的分包单位在前期制订了合理的专项方案,并与各相关单位密切合作,积极稳妥地完善各分项工程的质量及安全工作。

一、建设前期各类文件与图纸的编制及其依据

(1)建设前期要准备的施工图纸如表1-1所示。

表1-1　施工图纸的准备情况

序号	图纸名称	图号	出图日期
1	建筑图	建施01—94	2014年7月
2	结构图	结施01—201	2014年7月
3	暖通图	暖施01—196	2014年7月

（续表）

序号	图纸名称	图号	出图日期
4	给排水图	水施 01—155	2014 年 7 月
5	电气图	电施 01—137	2014 年 7 月

（2）建设前应确保周知的法律法规如表 1-2 所示。

表 1-2　施工主要规则设计

序号	类别	法规名称	编号
1	国家	中华人民共和国建筑法	/
2	国家	中华人民共和国环境保护法	/
3	国家	中华人民共和国安全生产法	/
4	国家	中华人民共和国节约能源法	/
5	国家	中华人民共和国劳动法	/
7	行业	建设工程施工现场管理规定	建设部令 1991 年第 15 号
8	行业	职业安全和卫生及工作环境公约	/

（3）建设前期确定的主要图集如表 1-3 所示。

表 1-3　涉及的建筑标准设计图集

类别	序号	图集名称	图集号
国家	1	混凝土结构施工图平面整体表示方法制图规则和构造详图（现浇混凝土框架、剪力墙、梁、板）	11G101—1
	2	混凝土结构施工图平面整体表示方法制图规则和构造详图（现浇混凝土板式楼梯）	11G101—2
	3	混凝土结构施工图平面整体表示方法制图规则和构造详图（独立基础、条形基础、筏形基础及桩基承台）	11G101—3
地方	4	管沟及盖板	新 012G08
	5	现浇钢筋混凝土楼梯	新 012G05
	6	地下扩展基础	新 012G03
	7	钢筋混凝土过梁	新 012G04
	8	钢筋混凝土结构构造	新 012G02

（4）建设前期确定的主要标准，为正式施工管理提供指导的文件如表 1-4 所示。

表 1-4 项目施工中涉及的管理文件

序号	名 称	文件编号
1	项目管理手册	CECEC-PM
2	技术质量管理文件	/
3	安全生产管理手册	ZJQ00-GL-028
4	施工现场安全防护标准图册	ZJQ00-GL-029

二、建设前期确定的工程概况

（1）图书馆建设前期，工程内容设定如表 1-5 所示。

表 1-5 前期工程内容设定

项 目	内 容
工程名称	新疆维吾尔自治区图书馆二期改扩建工程
建设规模	总建筑面积 56 355.6m²（其中地上总建筑面积 44 026.3m²，地下总建筑面积 12 329.3m²）
建设地点	乌鲁木齐市北京南路，环球大酒店旁
建设单位	新疆维吾尔自治区图书馆
设计单位	新疆建筑设计研究院
勘察单位	新疆岩土工程勘察设计研究院
监理单位	新疆建院工程监理咨询有限公司
质量监督单位	新疆高新区质量监督站
施工总承包单位	中建新疆建工集团第一建筑工程有限公司
主要分包单位	/
工期要求	计划 2014 年 12 月 6 日开工，2017 年 12 月 6 日竣工
质量目标	天山杯
安全目标	安全无事故，自治区级文明施工现场
环境目标	用户投诉控制在 1% 以内

（续表）

项　目	内　容
招标范围	一期馆舍改造工程、二期扩建工程（消防工程、外墙及室内装修、弱电工程、电梯、空调安装工程除外）施工图纸范围内（具体范围另见工程量清单）

（2）图书馆建设前期，建筑设计要求如表1-6所示。

表1-6　前期建筑设计要求

	项目名称	地上层数	地下层数	高度（m）	宽度（m）	长度（m）
概况	图书馆主楼	5	1	26.800	60.700	92.110
	阅览室（新建）	5	1	26.800	29.700	40.500
	综合楼（新建）	6	2	26.800	32.900	49.200
	阅览室（改建）	4	1	22.300	32.900	49.200
	书库（改建）	12	1	34.800	28.500	36.500
层高	地下车库：地下二层层高5.6m，地下一层层高5.6m 主体：层高4.6～5.6m					
平面功能	阅览室，综合楼，书库，主楼					
建筑防水	地下室、屋面及有水房间	地下室、屋面采用1.5mm厚+1.2mm厚合成高分子树脂类聚乙烯复合防水卷材。有水房间1.5mm厚丙烯酸涂膜				
基础防腐	沥青冷底子油两遍，沥青胶泥涂层，厚度≥300um					
填充墙	地下部分为200mm厚加气砼砌块，地上部分书库楼外墙为200mm厚加气砼砌块，其余砌体外墙均为300mm厚加气砼砌块					
地下室、屋面及外墙保温	地下室60mm厚XPS板，外墙100mm厚岩棉板，屋面150mm厚酚醛板（B1级）					

（3）图书馆建设前期结构设计要求如表1-7所示。

表 1-7　前期结构设计要求

结构类型	图书馆主楼、综合楼(新建)框—剪结构;阅览室(新建、改建)、书库(改建)框架结构				抗震设防烈度	8 度
建筑结构类别	乙类(综合楼、书库为丙类)				使用年限	50 年
安全等级	一级(综合楼、书库为二级)				地基基础设计等级	丙级
基础	筏型基础、独立柱基(mm)		基础底面尺寸:3 400×3 400,4 000×4 000,3 000×3 000,2 500×250 等 防水底板:250(厚);筏板基础:60(厚)			
主体	基础地梁(mm)		断面尺寸有:300×600,300×650			
	梁、柱(mm)		200×400,200×450,200×500,200×600,250×500,250×600,250×700,300×550,300×650,300×700,300×800,300×820,300×900,300×1000,300×1200,300×1700,300×2000,350×600,350×700,350×800,350×900,450×1200,700×700			
	楼板(mm)		100,120,130,140,150,180,200,250(厚)			
	剪力墙(mm)		200,250,300,350(厚)			
	挡土墙(mm)		350(厚)			

混凝土强度等级	项目名称	部位	挡土墙	剪力墙	框架柱	梁/板/楼梯
	图书馆主楼	地下室	C50	详见各区段	C50	C35
		1 层及以上部位			详见各区段	C30
	阅览室(新建)	地下室	C40		C40	C40
		1 层及以上部位			C40	C40
	综合楼(新建)	地下室 1~2 层	C50	详见各区段	C40	C40
		1 层及以上部位			C40	C40

1.基础构件混凝土强度等级
(1)新建基础结构
独立基础、条形基础、筏板基础:C50
防水底板、挡土墙:C50
基础梁、地基梁:C30
(2)托换基础
C35 膨胀混凝土,膨胀率由有专业资质的单位确定
(3)加固基层
C35 微膨胀混凝土

(续表)

混凝土强度等级	2. 二次结构等其他构件混凝土强度等级 (1)构造柱、填充墙水平系梁、填充墙洞口边框、压顶、现浇过梁混凝土强度等级采用C30并须符合使用环境下的砼耐久性基本要求 (2)女儿墙等外露现浇构件及其他未注明的现浇混凝土构件均采用C30砼浇筑
钢筋连接及保护层	钢筋直径 d≥20mm 时,采用剥肋滚压直螺纹套筒接头;钢筋直径为 16mm、18mm 时,采用氧气压力焊,直径＜16mm 时绑扎搭接。框架柱在底部加强区纵向钢筋接头处采用直螺纹套筒连接; 板、墙、壳钢筋混凝土保护层厚度 30mm,梁、柱箍筋钢筋混凝土保护层厚度 35mm; 挡土墙靠迎水/土面一侧钢筋保护层厚度≥50mm
钢材	HPB300、HRB500、HRB400 级热轧钢筋及 CRB550 级冷轧带肋钢筋
地基持力层	持力层为第二层卵石层,地基承载力特征值 fak≥400Kpa,且入卵石层≥0.50m
地下水位	勘测深度范围内未见地下水,本项目可不考虑地下水的影响,本场地土对混凝土及钢筋有弱腐蚀性
结构防水	地下工程防水等级为一级,地下室外围结构(防水底板、外墙及无地上结构部分的地下室顶板梁等)及水箱、水池应采用防水混凝土;砼抗渗等级地下二层为P8,地下一层部分为P6

(4)图书馆建设前期水电安装系统情况如表 1-8 所示。

表 1-8　前期水电安装系统情况

系统	系统概况
给排水系统	本工程给水由市政管网引入,给水压力不小于 0.30MPa。市政排水管网完善。室外消防栓系统完善。 　生活给水体统:本工程扩建部分为裙楼,给水系统不分区,由市政直供,给水管网为枝状供水,采用下行上给式。业务自用房 4 层专家阅览卫生间设电热水器,提供卫生热水。 　污水系统:室内采用污水与废水合流排水管道系统。生活污水排水量最高日生活排水量为 55.44m³;室内地面层(±0.000m)以上的生活污水重力流排除。厨房排水经室外地下隔油池后排至室外污水管道;排水管道均为明装,为保证排水通畅,公共卫生间排水管采用专用通气立管排水系统。 　屋面雨水排水系统:采用内落式重力流雨水排水系统。屋面雨水由 87 型雨水斗收集,经雨水管道排至室外污水管道

（续表）

系统	系统概况
采暖系统	本工程热源由大学校内热力站集中供热;热媒温度为 130～80℃,由东侧入口引至－2 层热能动力站,经热交换器转换为 80～55℃ 热水,入口管径 DN150。本项目用散热器采暖系统和发热电缆地面辐射地暖系统
电气系统	该工程供电负荷等级为二级,由市政两路 10kV 电源供电。两路供电电源一用一备,10kV 电缆直埋引入地下一层变配电室。其中重要办公、大会议室、客梯电力、排污泵、生活水泵、通信等系统的电源,以及消防负荷,如消防报警系统,消防设备及应急照明等用电为二级负荷;安防、计算机系统的电源为一级负荷;其他为三级负荷。 低压配电电压为 220～380V,低压电源均由变配电室送出,采用 TN-S 系统。低压系统采用单母线分段,平时分段运行,事故时联络运行

第二章 图书馆建设项目设计管理

第一节 设计管理目标

一、空间性

（一）图书馆空间再造和空间服务的研究与探索

生态美学立足于人与环境的关系，旨在美化和优化人类的生存境界。因此，图书馆建筑的生态性不止于绿色生态、节能环保、低碳经济、可持续发展等，还有更高层次的追求，即空间生态与读者需求的平衡。场所精神、学习共享空间、空间建设、空间再造、空间服务等将是对读者借阅生态提出的新要求，图书馆整个空间生态需呈现出科学性、合理性、和谐性和舒适性。

空间再造和空间服务已成为图书馆研究的关键性和前沿性问题。如何利用图书馆现有馆舍，通过引进、改造等方式提升读者到馆量，以及如何通过空间服务，吸引读者到馆学习和交流，最大限度地发挥图书馆空间服务的水平等问题备受业界热议。例如，为深入探讨和交流图书馆空间服务、系统技术及应用经验，由广东省图书情报工作指导委员会主办、华南理工大学图书馆承办、北京森图华睿教育科技有限公司协办的"空间服务与图书馆管理系统"专题研讨会于2015年11月18日在广州召开。2016年10月，以"二十一世纪新型高校图书馆空间建设"为主题的国际学术研讨会在江苏省昆山市昆山杜克大学召开，来自美国、中国内地、中国港澳地区的130余名图书馆界专家学者齐聚一堂，就新形势下高校图书馆规划设计和空间建设问题进行研讨①。

　　国内积极探索者、实施者也不在少数。在公共图书馆界,杭州图书馆和深圳图书馆率先开展空间再造探索。清华大学图书馆、上海交通大学图书馆、上海财经大学图书馆、上海大学图书馆是目前高校图书馆空间再造项目中较成功的案例。空间再造和空间服务之所以会成为炙手可热的问题,和信息时代图书馆的发展息息相关。意大利建筑评论家布鲁诺·赛维认为,空间是建筑的主角②。图书馆建筑的外形特征是特定社会文化与精神审美的物质反映,而图书馆建筑的空间布局则直接反映了服务制度和用户需求,也就是说,由图书馆建筑空间布局可看到服务者与被服务者的双方变化。

　　(二)群体需求推动图书馆空间变革

　　空间再造和空间服务的出现,最终归结于群体需求的推动。近几年,随着民众休闲生活需求的日益增长,民众对休闲生活格调和品位追求的不断提高,国内公共图书馆最明显的变化便是拓展了文化休闲功能。一些公共图书馆除了具备传统的文化功能外,还通过内部增设音乐厅、咖啡厅、商店、展览厅、餐厅、清吧、静吧、氧吧等空间提供新式的文化休闲服务,使公共图书馆成为人们释放各种压力和缓解心理疲惫的场所。无独有偶,面对不同群体的需求现状,国内高校图书馆也在适时做出相应调整和变革。近几年,高校图书馆接待读者的情况发生如下变化:读者的借书量不断下降,但进馆人数逐年递增或保持平稳。这说明,高校图书馆的读者对图书馆空间的需求并未下降,但他们对图书馆功能的需求改变了。图书馆由收藏图书资料供人阅览的场所转向拥有众多综合功能的信息服务中心,成为读者获取多方面咨询服务以及学习、科研、交流的机构与场所,这种蜕变对图书馆的建筑功能、空间布局以及设计理念提出了更高的要求。2016年美国大学与研究图书馆协会公布的一项调查表明,图书馆在促进不同年级、专业、校区学生之间的交流和分享上有其独特的一大优势。因此,图书馆建筑的各空间再造和空间服务应尽可能满足读者各方面的需求,进而呈现出读者与图书馆和谐相处的空间生态场。

　　对图书馆空间的变革,并不局限于图书馆内部,在社会大环境中,界内学者

　　①　肖凯成,郭晓东,李灵.建筑工程项目管理[M].北京:北京理工大学出版社,2012.
　　②　布鲁诺·赛维.建筑空间论:如何品评建筑[M].北京:中国建筑工业出版社,2006.

也提出了新命题,认为图书馆是作为第三空间而存在的。美国社会学家雷·奥登伯格在《绝好的地方》一书中提出了"第三空间"的概念,他把家庭居所归为第一空间,工作单位归为第二空间,酒吧、咖啡店、图书馆、公园等公共空间归为第三空间。2009年,在国际图联年会的卫星会议上,国际图书馆界就郑重提出"作为第三空间的图书馆"的命题。在中国,上海图书馆原馆长吴建中最早提出了图书馆是第三空间的观点。他认为第三空间就是人们交流的社会空间,类似休闲的咖啡厅、聚集丰富文献资源的图书馆、文化内涵深厚的博物馆等。为突显人和人之间交流的社会空间,作为第三空间的图书馆需要有知识共享功能,从而确立了图书馆的第三空间概念,这使得图书馆活动的空间更大了。图书馆可以更好地利用ICT(Information and Communication Technology,信息和通信技术)来发展图书馆的数字化,提供图书馆泛在化服务,也可以提供多元的文化服务,让更多读者在图书馆参与体验,以及开展面对面的交流。这样图书馆就成为任何人都可以走进的城市第三空间。

二、人文性

(一)读者服务:体现以人为本

生态美学的终极目标是对人的终极关怀,对人的关怀彰显着人文性。图书馆"一切为了读者,为了读者的一切,为了一切读者"的理念的确立,经历了"以书为本"—"以馆为本"—"以人为本"的变化过程。具体而言,图书馆服务的重心经历了"藏书"—"合理特色的馆藏建设"—"读者"的变化过程,以读者为中心就是要为其提供人性化服务,方便其获取信息,满足其需求。图书馆,不论是整体造型、外部空间场地的景观规划、场地设计,还是内部空间环境,都要营造出一种人文关怀的场所氛围,让人们品味和感受。

图书馆建筑良好的内外部环境,就读者的心理和生理两方面来说都是一种物质效应对精神效应的积极作用,能有效激发读者的美感情趣。图书馆建筑美观的造型,能让人赏心悦目,能给人较强的艺术感染力,因而成为吸引读者并提高图书馆利用率的重要手段。建筑设计强调对人的关注,建筑造型令人赏心悦目,这一类公共图书馆的成功范例,有庭院式的浙江图书馆、园林式的苏州图书馆、休闲式的常州图书馆等。其建筑形象与建筑风格,给予读者的远不止清幽、舒适的心理感受,更是一种主客体相互的自由空间体验,这种体验使人愉悦,能使人体会到空间的感召力,能使人清晰、具体地感知人与空间、环境的关系,因而充分体现出建筑对人的关注,营造出一种使读者感到亲切从而吸引读者的文化氛围。

（二）建筑风格：彰显场所精神的人文价值

著名建筑师沙里宁曾说过,"建筑是寓于空间中的空间艺术"①。每一座图书馆建筑在社会环境空间中都有各自的风格,图书馆建筑应尽可能彰显场所精神(spirit of place)的人文价值。"场所精神"一词最初源于古罗马人的信仰,古罗马人认为每个独立的本体都有其灵魂,其灵魂赋予其生命并决定其特性与本质。建筑的场所精神不仅要满足其基本功能,更要反映出场所环境的特性,其创造的空间能容纳人们活动并具有强烈的人文气氛。林徽因认为,在诗意和画意之外还有建筑意,"无论哪一个巍峨的古城楼,或一角倾颓的殿基的灵魂里,无形中都在诉说,乃至于歌唱"。建筑意与场所精神的表述有异曲同工之妙。

场所精神是场所的象征和灵魂,不仅能使人区别场所之间的差异,还能唤起人们对一个地方的记忆。图书馆建筑不止于场所,更在于场所精神。挪威著名城市建筑学家诺伯舒兹提出了两种场所精神:定向感(或导向感)和认同感。定向主要是空间性,认同则与文化有关。据此笔者认为,关于图书馆建筑场所精神的人文价值应得以彰显。图书馆场所精神的人文价值在于:当个体置身其中,提取知识、人文思想和一切文明时,既能够有意识或无意识地认识到自己与人类过去、现在和未来的关联,又能永葆对人生真谛"真、善、美"追求的赤子之心。

（三）文化空间：人文思想交融之所

要使图书馆兼具人本型、节能型、环保型、智能型、开放型等诸多特点,必须在其建筑设计的功能划分和平面布局上充分考虑综合布线的适应性。图书馆的馆舍布局,不应仅具备藏书、借书、阅览等功能,还应当成为颇具人性化的场所,融合人文思想而成为读者受教育与文化娱乐的中心,包括拥有展览、讲座、培训、沙龙、放映、演出等交流的场地和空间,图书馆应向读者提供接触各种表演艺术、文化展示的机会。

北京大学图书馆原馆长朱强指出:"未来的大学图书馆将逐渐进入到'海量

---

① 沙里宁.城市:它的发展、衰败与未来[M].顾启源,译.北京:中国建筑工业出版社,1986.

信息的科技体验和美妙空间的艺术体验融为一体'的新阶段……读者在图书馆的任何地方,都能随手取阅书刊、操作屏幕,欣赏名画和艺术品,沉浸于信息、科技和艺术营造的文化空间。"

三、技术性

(一)技术不再是目的

图书馆建筑追求的是生态技术的合理应用,探索的是技术和建筑完美结合的生态美学,所以技术不再是目的。因为生态美学的追求与呈现不依靠技术的大量堆积,也不依靠高科技的炫耀。图书馆建筑的技术运用,必须综合考虑其社会性、经济性等多方面问题,进行多标准的综合判断,要以更宽广、更全面的视角来审视生态建筑这个主题,体现合理性和适切性,因而要尽可能地避免局部的、单层次与单领域的、生态一方而又危害另一方的所谓"生态建筑"。图书馆建筑需让技术谦和地与建筑语言相结合,从而形成新世纪的生态美学。正如吴建中所述,第三代图书馆超越书、超越传统图书馆,注重生态环境,并将生态技术有机地融合进了各种服务功能之中。

(二)"互联网+"与图书馆建筑

2015年,李克强总理在政府工作报告中首次提出"互联网+"行动计划,此后"互联网+"不但渗透到了社会各个行业,而且催生了许多新业态,成为社会、经济以及文化发展的新动力。简单理解,"互联网+"就是"互联网+各个传统行业",但需要强调的是,这不是简单的两者相加,而是让互联网与传统行业深度融合,利用信息通信技术和互联网平台创造新的发展生态。"互联网+图书馆"就是将互联网与图书馆深度融合,通过这种深度融合突破图书馆行业的发展瓶颈,催生新业态、新模式与新理念,从而推进这一行业的创新、转型与提升。"互联网+"倒逼图书馆的转型发展,图书馆必然要体现科技化与智能化。

在"互联网+"背景下,图书馆建筑应拥有更多知识交流共同体的功能设计与空间布局。知识交流共同体是图书馆建筑设计要构建的一个目标,它是"参与的、分享的、学习的",由一定的人(读者)在一定的空间通过沟通、交流、分享知识所组成,为知识交流提供更多的便利条件[①]。《图书馆建筑设计规范》(JGJ

---

① 胡六星,赵小娥.建筑工程经济[M].2版.北京:北京大学出版社,2014.

38－2015)规定:"图书馆应设置综合布线系统","综合布线系统宜与电子信息、办公自动化、通信自动化等设施统一设计","设置局域无线网络,增加了信息点,可以作为有线网络的补充和后备,给读者及工作人员创造更为便利的上网条件"。"互联网＋"时代,图书馆应设计能够进行计算机网络大屏幕演示的建筑并配备相关设备,图书馆内部设立主机房,各功能用房设立必备的专用机房。此外,一些图书馆的家具设计也应该加入网络布线、计算机及现代通信设施、电源插座等配置。香港中文大学(深圳)图书馆馆长张甲曾在主题演讲中深入阐述了"图书馆科技、家具和空间规划的转变",聚焦如何在图书馆空间和家具设计中融入移动学习、在线学习、多媒体设备等新兴科技。

总之,在"互联网＋"时代规划设计图书馆建筑时,应当做好图书馆仍会不断改变的准备,未来随时都有可能针对用户的最新需求变化,对图书馆建筑设计进行重新构想与重新规划。

生态美学视野中图书馆建筑呈现出的新特征,包括突破传统的文化服务,注重空间再造和空间服务;注重设计极具艺术感染力的建筑造型和突显图书馆的场所精神——人文价值,以及设置各种类型的文化空间;与"互联网＋"融合实现智能化和科技化等。这些都呼应了当今人们文化需求和追求的新变。这些新变与生态美学理念一致,强调人-自然-环境的平衡与共生,朝向对人的终极关怀。在这种理念下建设充满科学性、合理性、和谐性、舒适性的图书馆的整个建筑环境生态场,必将有助于实现现代读者主体潜能的自由发展、各种强大功能的叠加和相辅相成的新兴技术融合,图书馆建筑将会呈现舒适、高效而又富有活力的面貌。

第二节　设计进度控制管理

一、图书馆设计项目控制管理流程

设计项目管理主要是在充分满足国家规定和项目具体要求的前提下,将项目管理理论应用其中,实现对项目设计流程的管理和控制。图书馆设计项目控制管理主要是根据图书馆方提出的相关要求,对项目建设进度、投入成本、工程质量等内容进行设计,编写出具有较强可行性的文件,在施工中将具体操作与设计相结合,使馆方的要求得到充分的满足,进而实现项目管理的最终目标。

（一）前期准备阶段

项目设计初期主要是做好准备工作,在这个阶段,设计管理工作的重心主要包括:成立项目团队、确立目标、明确设计计划、安排设计进度。在组建项目团队方面,主要根据工程的大小明确某个阶段所需要的设计人员数量,与设计院的人力、财力相结合,由上级主管部门商定项目组成员构成。在设计计划的确立方面,根据合同中的主要内容和工作流程,将整个项目进行分割,设计出多个图纸对应各个阶段,对各个阶段的时间和需要完成的内容进行明确,突出重点的时间节点。

（二）方案设计阶段

方案设计属于整个工程项目设计中最为重要的部分,最终的设计方案将对整个建设项目产生重要影响,关系到项目安全、质量、完成时间等多个方面,方案设计的好坏也将对整个项目的成败起到决定性作用。图书馆工程建设项目在该阶段的工作还要涉及图书馆的水暖电、建筑结构等细节方面的设计,以及施工团队的开工时间、分阶段任务的确定,对不同团队的职责和负责的主要内容进行划分,等等。最终明确所有初步方案设计成果的出图时间。

（三）施工图设计阶段

在施工图设计阶段,各个专业团队需要对初步设计方案中的细节进行逐一的查找核实,做出进一步的深化和细化处理,明确项目的最终出图方式,各专业团队之间互相要明确节点时间,由图书馆方对相关人员进行协调,使每个团队都能够完成总工审核和专业审核,最终将设计成果完善整理,确定无误后,盖章,将最终文件上交给图书馆方审核[1]。

二、图书馆设计项目进度管理措施

（一）设计项目活动分解

项目活动分解也被称为项目活动界定,属于进度管理的主要内容之一。主要做法,先明确目标和工作内容,再对整体的项目进行划分,通过各项活动和工

---

① 田恒久.工程经济[M].3 版.武汉:武汉理工大学出版社,2014.

作的交付来完成整体的项目目标。在项目活动分解方面,可以先对工作进行逐级分解,从中找寻出可能会对该模块产生影响的重点内容,然后有针对性地进行管理和监控,由此得出各项项目活动内容之间的联系。

也可以用 WBS(Work Breakdown Structure)结构分解法[①]进行设计项目分解。具体如下:①按照总体设计目标进行一级分解,将具体分项目设计划分到二级当中;②按照项目的总体交付图纸进行一级分解,将各个子项划分到二级当中;③将设计项目承包给其他外包企业,使工作被分解为各个子项,由外包单位对工作分解结构进行编制。在图书馆施工设计项目当中,采用 WBS 结构对设计图纸进行分解,可将其划分为建筑结构、水电暖、室内装修等几个部分,并且针对每个部分划分出下一级的工作,最终将各个项目的设计进行合并和衔接,完成整体的项目设计。

(二)设计项目进度计划的编制

项目进度计划的编制方式主要有两种,一种为横道图法,另一种为网络计划技术。在大部分图书馆设计工程中采用的是横道图法对项目时间和进度进行控制。横道图属于一种二维平面图,其横向表示进度,纵向表示设计内容,每项工作的时间采用横道线的方式体现出来,横道线的起点为设计工作开始的时间,终点为结束的时间,线长为该项工作所需持续的时间。对于多个子项目进度计划的编制,主要包括以下几个步骤。

(1)制订进度计划。在对各个项目进度进行设计时,首先利用关键日期表,将各个子项目设计完成的关键时间节点标出,绘制成简单的进度计划表。

(2)对各个设计项目工作进行结构分解,保障项目分解后形成清单,在清单中对活动之间的相互关系、范围等进行阐述,为指导项目工作团队开展工作提供便利。

(3)根据不同设计项目内容的时间要求、重要程度、特殊需求等,对项目所需工期进行明确,然后对活动实施的先后进行排序。

(4)将各个设计项目内容开展的时间和结束的时间在横道图中画出,使各

---

①　WBS 任务分解法,指的是把一个项目,按一定的原则进行分解,项目分解成任务,任务再分解成一项项工作,再把一项项工作分解到每个人的日常活动中,直到分解不下去为止。

项目的时间跨度能够清楚直观地展现出来,防止在进度管理中出现长时间设计项目空白或者设计项目扎堆问题的产生。

（三）设计项目管理中资源的分配

任何项目,资源量都是有限的,不能够充分满足多个项目的使用需求时,作为管理人员,应将有限的资源进行合理分配,以此来实现各项目之间的平衡,这同样也是管理工作中的重要内容。当设计院在管理工作中出现资源利用不合理问题时,由于项目数量众多,各项目之间又不可避免地会产生交叉现象,因此可以采用多矩阵的管理方式,以此来实现资源的优化配置,减少项目之间产生的矛盾冲突,使项目进度不受资源的干扰而顺利进行。

对于管理人员来说,在进行项目管理时,应做到以下几点。

(1)明确工作范围,编写正确科学的设计项目列表清单,对时间、人员、任务等多方面进行统筹规划和考虑,以此来保障设计项目进度,使其能够在规定的时间内顺利完工。

(2)对子项目设计进行先后顺序排列,对每个子项目设计所需要花费的工期和任务目标进行设定,对风险和收益进行双重考虑,并且实现资源的合理配置。

(3)注重对设计项目小组进行时间管理,对各部门的职责进行细致划分,采用建立团队日程表、定期召开会议等形式对设计项目进度信息进行实时跟踪。

(4)建立健全严密的管理系统,加强对团队的管理力度,使团队能够清醒而深刻地认识到进度管理中存在的风险问题,并且在事前制订好防范和应对措施,以此来促进图书馆设计工作的高效完成。

综上所述,图书馆设计属于图书馆建筑工程项目中十分重要的一环,能够对工程项目的成败起到决定性作用。设计院在项目设计过程中,应积极采取科学有效的方法,对项目进度实施有效的管理,防止风险问题的发生。

第三节　设计变更管理

在图书馆建设过程中,尤其一些大型、复杂建设,工程设计变更是不可避免的。设计变更通常是设计单位依据建设单位要求进行调整,或对原设计内容进行修改、完善和优化。根据设计变更的发生原因可分为由原设计单位出具的设计变更联系单和由施工单位在项目实施过程中遇到问题并征得建设、监理和设计单位同意的变更联系单。

工程设计变更不仅会涉及建设单位、设计单位、施工单位和监理单位等，还会对工程的进度、质量、投资产生一定影响。施工图纸是进行工程施工的主要依据，其工程变更也是工程决算、产生索赔以及工程交付使用后管理、维修的依据，它和原设计图纸组成一个完整的工程施工设计图，并和原设计方案具有同等的效力。工程设计变更是工程施工管理中很重要的一项内容，所以做好建设项目中设计变更的管理，对确保工程进度、质量、投资的有效控制以及提高企业经济效益和建设项目的社会效益都具有重要意义。

一、图书馆设计变更原因分析

（一）图书馆建设单位要求进行的设计变更

建设单位为了进一步完善建设项目的使用功能、节约投资或由于建设项目某些功能的改变而要求增加或减少某些设计项目，以及因实际订货引起的某些设备、材料型号的变化都会引起一些设计变更，此类型变更建设单位应尽量在项目施工之前提出，以免造成施工单位的返工和工程预算的增加。

（二）图书馆设计单位发出的变更

图书馆设计单位发出的变更一般是完善性补救措施，即对原设计图纸差错的修正，比如因设计规范的变化，规划部门或施工图审查机构对图纸提出了修改要求，原设计本身存在漏项、各专业之间的碰撞、图纸与现场情况的不符以及设计者对图纸其他方面的完善等。此类变更往往是因为设计人员的实际工程经验不足及相关设计规范掌握深度不够或由于该工程设计时间的紧迫和各专业技术协调不一致引起的。

（三）图书馆施工单位提出的变更

图书馆施工单位提出的变更一般有三种情况。其一是真正从工程的总体目标考虑提出的合理、善意的设计变更要求，比如施工单位在阅图过程中发现图纸技术性错误而提出设计变更。其二是现场实际情况与设计图纸不符，或者前道工序在施工过程中产生的错误导致工程无法按照原设计图纸进行施工。这种情况下，施工单位提出的变更要求，要通过建设单位向设计单位提交设计变更通知单。其三是结合自身的施工能力,为了降低施工难度、加快施工进度而要求设计单位提供技术支持的设计变更①。

（四）现场监理工程师提出的变更

在工程施工阶段,若出现了违反《建设工程监理规范》的情况,监理工程师会主动提出设计变更的建议,并向建设单位说明变更的理由,由建设单位要求设计单位发出正式的变更通知单②。

二、图书馆设计变更签发时的注意事项

不管设计变更是由哪方提出,均应由监理部门连同建设单位、设计单位、施工单位共同协商,经过确认后由设计单位发出相应的变更图纸或详细的施工说明,并由建设单位下发到有关部门实施。在签发设计变更时应注意以下几点。

(1)由于原设计方案不能保证工程质量要求,设计方案中存在遗漏和错误以及与现场不符无法按原设计方案施工的,应按设计变更程序进行修正。

(2)一般情况下,即使变更要求可能在技术经济上是合理的,也应全面考虑,将变更以后所产生的效益(质量、工期、造价)与现场变更可能引起的施工单位索赔等产生的损失进行比较,权衡轻重后再做出决定。

(3)严格审核设计变更所引起的工程造价,考虑工程造价增减幅度是否控制在总概算的范围之内,确须变更但又可能超概算时,更要慎重。

(4)施工中发生材料代用,需办理材料代用单,材料代用单需要写明代用的具体型号和具体的使用部位,以及代用原因等,坚决杜绝内容不明确,没有详图和具体使用部位,只是纯材料用量的变更的情况。

(5)设计变更要尽量提前。为了更好地指导施工,在开工前要组织各单位进行图纸会审,以尽可能早地发现图纸中可能存在的有关问题,完成设计变更。在施工过程中必须发生的变更,最好在此部位施工之前提出,并附有详细的变更内容,以防止拆除造成的材料浪费以及工程造价的增加,同时也避免索赔事件的发生。

(6)设计变更单应详细记录变更的内容和变更的部位,同时简要说明设计

---

① 李飞.高校基建管理手册[M].北京:中国水利水电出版社,2005.
② 李艳荣.建筑工程项目管理组织结构的设计[J].建筑技术,2016(6):565-567.

变更产生的原因,变更时间,涉及人员、工程部门等。

三、图书馆加强设计变更管理措施

(一)图书馆建设单位要事先做好各项准备工作

建设单位要事先做好各种准备工作,包括地质勘察、资料数据的搜集整理等,在设计人员开始工作之前,要把完整、详细、准确的资料提供给设计院,在设计过程中不要频繁改动自己的条件要求。若必须出现变更,应尽量在设计阶段提出或者在施工之前提出,从而更好地控制项目的进度、质量和投资。

(二)图书馆建设单位要做好方案阶段和施工图的审查工作

在工程项目的方案阶段和初步设计阶段,设计单位必须做好充分的技术准备,认真研究设计方案的合理性、先进性、可行性,对后期的施工图设计工作和项目的投入使用做好准备。设计单位在施工图阶段一定要做好各专业的技术协调和各个专业之间最终的图纸会签工作,尽量避免设计本身存在漏项、各专业之间的碰撞、图纸与现场情况的不符以及设计者对图纸其他方面的漏项等,将施工中因设计单位失误而造成的变更减少到最低限度。

(三)图书馆建设单位加强对设计变更的审查

建设单位和监理单位应从工程造价,项目的使用功能、质量和工期等方面严格审查工程变更的方案,并在工程变更实施前及时与施工承包单位协商确定工程变更所涉及的工程量、价款以及是否会延误施工期等。

(四)做好图书馆建设工程施工各阶段技术交底记录

在发现标注有发生设计变更情况的图纸以及发生变更的隐蔽工程的记录时,应及时补充形成正式的设计变更。施工单位应加强设计变更资料的收集、整理和存档工作,为可能发生变化的工程款以及最终的工程决算提供依据。

(五)加大职能部门监督检查力度

设计变更必须注明变更部位、变更原因,并附上及必要的详细图纸附件等,做到有章可循、有据可查、责任明确。严禁通过设计变更无故扩大工程建设规模、增加建设内容、提高或降低建设标准等,使工程变更对工程项目的进度、质量、投资的影响降到最低。

设计变更是工程项目的一个重要组成部分,它贯穿于整个施工阶段,同时关系工程项目的进度、质量和投资控制。做好设计变更的管理工作,要求建设、设计、监理、施工单位等协调一致,做到有理有章、严格遵循法定程序,使建设投资发挥最大的社会效益。

第四节　案例分析:新疆图书馆二期改扩建工程项目室内装修方案设计管理

本节以新疆图书馆二期改扩建工程项目室内装修方案设计管理为例,对新疆图书馆工程项目设计管理实践进行研究,以期更好地促进项目设计的开展。

一、设计任务书

在设计工作开展之前,新疆图书馆方首先根据公共图书馆的性质和任务特点,就新疆图书馆二期改扩建工程建设的定位、功能布局的目标和原则、各功能用房的面积和设施设备配套等提出具体要求,形成任务书,如下所示。

1. 新疆图书馆二期改扩建项目概述

新疆图书馆二期改扩建工程位于乌鲁木齐北京南路 78 号,建设规模47 300m²,建设内容包括:藏书区、借阅区、咨询服务区、公共活动、辅助服务区、业务区、办公区、配套用房和地下停车库。

2. 设计范围

本项目设计为室内装修设计,设计范围主要包括:藏书区、借阅区、咨询服务区、公共活动区、辅助服务区、业务区、办公区、配套用房和地下停车库。

3. 设计依据

(1)本项目的建筑设计施工图、结构设计施工图、设施设备设计施工图、弱电设计施工图;

(2)本项目现场实地勘察情况;

(3)《公共图书馆建设标准》(建标 108-2008);

(4)国内及自治区装修设计规范及标准;

(5)新疆图书馆二期改扩建工程项目室内装修方案设计任务书。

4. 设计风格

(1)室内装修参考建筑设计的风格,在装饰设计与建筑设计上实现软过渡。

（2）设计风格以简约、大气、典雅、庄重为主格调，装饰配套突出时代要求，体现轻装修重装饰的设计风格。

（3）设计充分体现地域文化特色，充分利用有限空间做到舒适轻松与大气庄重相结合。有自己独具特色的内涵及现代、舒适、以人为本的阅览空间搭配，美观、简约、大方、轻松与庄重，既富有现代气息又协调统一。

5. 设计原则

（1）设计体现"文化性、地域性、时代性、唯一性、原创性"的总体原则，打造一座"人性化、艺术化、个性化、环保化"的现代公共图书馆；

（2）设计在体现"以人为本"的前提下，考虑满足和平衡读者群的使用感受和管理者理性要求的和谐统一；

（3）以满足图书馆使用功能要求为前提，使得流程合理，功能运行高效有序，通过创意设计，利用光、影、色的精心组合来影响环境氛围和人们的心理情绪，塑造一个优美、舒适、环保的阅览环境；

（4）室内装修设计与建筑设计、地域气候环境、人文特点等有机融合，细化原建筑功能分区，优化"三流"路线，采用合理有效的措施，尽量降低能源消耗，体现绿色环保的理念；

（5）根据图书馆区域及房间的不同功能性质，在设计时区分不同的装修标准和档次，在设计不同区域和房间的天花板、地面、墙面、柱面等时考虑有所区别；

（6）设计拟采用的各种装饰材料要求绿色环保，对应的施工工艺也避免产生室内污染的隐患，体现生态思想和节能观念，满足可持续发展的需求；

（7）设计所用的装修材料、设施设备、器具器材节约、节能，充分考虑本项目的施工成本和今后的运营成本；

（8）设计所用的装修材料、设施设备、器具器材必须满足当地消防部门的规范要求，保证消防检验、验收顺利通过。

6. 设计要求

1）设计内容

本项目总面积 56 000 m²，其中，负一层停车库、负二层设备间、各楼层设备用房、多功能厅舞台，不在本次设计范围之内。包括不限于以下区域内色彩、天花、墙面、地面、柱面、灯饰、标识、设施、门窗及固定家具等的设计及以上项目所选用材料的外形尺寸、材质和技术指标,同时需提供产品明细参考目录。

(1)地下一层:儿童阅览区、古籍书库;

(2)一层:入口门厅、读者服务中心、展厅、报告厅、报告厅接待室、残疾人阅览室、少儿阅览区、读者餐厅、办公门厅、采编室、业务用房;

(3)二层:报刊阅览区、文献借阅区、休闲阅览区、自习区、员工休息区、工作人员更衣室、读者研究室、中心机房、书库、业务用房;

(4)三层:音乐视听区、古籍阅览区、文献借阅区、休闲阅览区、文献资源译制中心、文献信息资源共享工程中心、读者研究室、书库、业务用房;

(5)四层:展厅、多媒体阅览区、数字体验区、休闲阅览区、培训教室、学术交流室、专家阅览室、书库、业务用房;

(6)五层:职工活动中心、会议室、专家阅览室、书库、业务用房;

(7)六层:行政办公区、书库;

(8)七至十一层:书库。

2)装修配套设计

包括但不限于活动(或固定)家具、洁具、灯具选型要求,装饰材料选择要求,窗帘布艺、画、盆景、门五金、卫生五金、门牌标志、室内陈设等。

3)强、弱电,通风空调,给排水等配套装修设计

根据项目装修标准及使用功能完成强、弱电,通风空调,给排水等配套装修设计。包括但不限于:

(1)综合布置天花图(包括灯具、风口、烟感、喇叭、喷淋等机电与各类检修口的定位);

(2)强电布线、强电开关插座面板的定位;

(3)弱电布线、弱电出线口定位;

(4)空调风口的送风形式、位置,空调开关定位;

(5)卫生间五金件,卫生洁具节水控制要求,厕卫的材质、参数要求;

(6)设计中与建筑、强电、弱电、通风空调、消防设计相结合,做好各线路的整体布局。

4)主要部位具体要求

(1)装修装饰风格。

公共空间是图书馆各种流线的交叉点,是人员最为集中的公共场所,在装

修装饰风格上既要有变化,又要协调统一,同时兼顾与相连内部空间的有机结合。

①入口大厅。第一,天花、墙面、地面、柱面设计要配合灯光,彰显图书馆的大气与庄重。第二,灯饰与光线运用,要配合天花、墙面、柱面造型,创造室内优雅气氛。第三,按行业要求的专业标识,要具有美感装饰,同时清晰明了。第四,配置设施包括休息座椅、电子大屏幕、自助查询机、自助借还机、室内绿化、壁画等,在满足读者需要的基础上,体现图书馆的人性化服务。

②电梯前室。在电梯门前墙面上和电梯轿厢内设计楼层各室分布图。

③公共走廊。走廊与地面应与相连的借阅区协调统一,两侧墙壁适当配以壁画、装饰等,走廊内可摆放常青绿化植物等。但重点关注如下几点:第一,标识大方、醒目、明亮、简单、易懂;第二,设置一些休息区域,布置景观、绿化、艺术品等,使空间生动;第三,两侧墙面设计图书馆简介、图书馆文化展示等,力争装饰成图书馆的“文化长廊”;第四,装饰力求艺术化,与两侧相协调。

④公共卫生间。公共卫生间要为残疾人设置无障碍卫生间,地砖要防滑,墙砖上顶,每间厕所隔断内设置衣物挂钩、助力扶手,儿童洗手台需考虑儿童的适用高度。

⑤多功能报告厅。多功能报告厅要求具备小型演出功能,按行业有关规范设计。

⑥展厅。一层展厅为临展厅,考虑设施设备可移动,方便拆卸;四层展厅为常展厅,按行业有关规范设计。

(2)借阅空间。

借阅空间是与读者关系最为密切的地方,也是图书馆装饰与装修的重点所在。其基本原则与要求是以人为本,充分尊重和满足读者以及工作人员的需要,为他们营造一个温馨亲切的空间,应注重整体色调和室内环境布置。

①室内色彩、天花、地面、墙面、柱面与设施布局配置协调,同时与公共区域、过廊及整个风格相一致,保持造型、色泽、纹理的统一。

②要求环境安宁、静谧、舒适、清洁、安全,有一定的私密性。

③适当考虑绿色设计理念的渗入。

(3)书库空间。

书库空间需按相关规范要求进行简装。

(4)行政办公空间。

行政办公空间需按相关规范要求进行简装。

(5)中心机房、安防及消防控制室。

中心机房、安防及消防控制室需按行业相关规范要求进行设计。

5)服务要求

(1)按国家建筑室内装修设计规范要求,施工图纸要具备施工实际可操作的要求,可作为招投标报价的依据;

(2)在施工过程中,设计单位要派设计人员驻工地现场进行设计指导、材料选样、施工交底及监督等,确保设计工程效果。

二、项目设计阶段的管理

(一)项目设计管理内容

1.设计阶段的预算控制

设计阶段是预算控制最为关键的阶段。设计阶段预算控制的基本工作原理是动态控制,即通过采用计算机辅助的手段,对各种设计文件中的有关投资预算部分进行分析,对计划值和实际值进行动态跟踪比较,当实际值大于计划值时,分析产生偏差的原因,向设计人员提出纠偏建议,使项目设计在确保项目质量的前提下,充分考虑项目的经济性,使项目总投资控制在计划总投资范围之内。设计阶段预算控制的主要任务如下。

(1)在方案设计估算的基础上,进行总投资目标的分析和论证。

(2)根据初步设计文件进行总投资切块和分解,并进行细化。在设计过程中严格控制其执行。若有必要,应及时提出调整总投资计划的建议。

(3)编制设计阶段资金使用计划,并控制其执行。必要时,对上述计划提出调整建议。

(4)对初步设计概算、施工图预算提出意见,与设计人员讨论并提出调整。要求设计严格控制在已确定的投资计划值中。

(5)从设计、施工、材料和设备等多方面对设计图纸作必要的技术经济比选,如发现设计有可能超过投资预算,则协助设计人员提出解决办法。

(6)采用价值工程的方法,在充分考虑满足项目功能的条件下,进一步挖掘节约投资的潜力。

（7）采用限额设计的方法，要求设计方案的投资控制在业主方的预期之内。

（8）在设计的各个阶段，进行投资计划值和实际值的动态跟踪比较，并按月、按季、按年提交各种投资控制报表。

2. 设计阶段的进度控制

为了缩短建设周期，项目管理人员应协助设计单位对出图进行合理的安排，使设计进度计划为施工招投标服务，并尽量使设计满足业主对开工日期的要求（如提前提供地基处理方案及桩位图），同时兼顾采购时间较长的材料、设备供应的时间要求。另外，也要将政府和市政部门对设计文件审批的时间考虑进去。

根据以往经验，加快设计进度的一个有效方法，是及时向设计方明确提出设计要求并提供设计所需的参数和条件，及时对设计文件进行认可和确认，及时回答设计方提出的有关问题，尽量减少对设计意图的改变和反复。为了减少由于业主方自身的原因造成的对设计进度的影响，项目管理人员应具有很强的专业性，能够快速提出解决办法。设计进度控制的主要任务是：

（1）审核设计方提出的详细的设计进度和出图计划，并控制其执行；

（2）编制主要甲供材料、设备的采购计划；

（3）研究分析施工招投标，施工进度及总、分包合同结构，与设计方协商，使设计进度为招投标及施工进度服务（及时提供招标图及技术条件）；

（4）通过召开设计协调会等有效手段，讨论设计中遇到的问题，解决设计人员的困难，督促设计出图进度；

（5）督促业主尽快组织人员对设计文件（初步设计、施工图设计、专业设计）进行审定，及时解答设计方的提问并给予快速解决；

（6）在项目实施过程中进行设计进度跟踪管理，并提交各种进度控制报表和报告。

3. 设计方面的质量控制

图书馆工程设计是一项涉及面广、综合性强的技术工作，是建筑功能、工程技术与建筑艺术相结合的创作实践。设计质量具有直接效用质量和间接效用质量的双重属性。直接效用质量目标是指设计文件（包括图纸和说明书）应满足的质量要求，其中最关键的是设计是否符合国家有关设计规范、是否满足图书馆方要求，各阶段设计是否达到规定的设计深度，各专业设计内容是否符合施工安装的实际要求。间接效用质量目标是指设计文件所体现的最终建筑产品质量。通过设计和施工的共同努力,使项目建设成为使用合理、功能齐全、结构可靠、经济合理、环境协调的高水平项目。

设计质量控制中,管理单位各专业工程人员应在透彻掌握施工要求的基础上,花大量时间详细地阅读图纸,分析图纸,以便发现问题,提出问题。对重要的细节问题和关键问题,必要时组织专家论证。设计阶段质量控制主要任务是:

(1)确定项目设计要求和标准,参与分析和评估项目使用功能、面积分配、建筑设计标准等问题;

(2)研究设计图纸,发现图纸中的问题,及时向设计单位提出;

(3)审核各设计阶段的设计图纸(含说明)是否符合国家有关设计规范、要求和标准,并根据需要提出修改意见;

(4)在设计推进过程中,审核其是否符合图书馆方对设计上的特殊要求,并根据需要提出修改意见;

(5)若有必要,组织有关专家对结构方案进行分析、论证,以确定施工的可行性,结构的可靠性、合理性,降低成本,提高功能;

(6)对设备各系统的技术经济进行分析比较,并提出优化意见;

(7)审核水、电、气等系统设计是否与市政公用、消防工程规范的规定及地块条件相符;

(8)审核施工图设计是否达标,各专业设计之间有无矛盾,是否能满足施工要求;

(9)提交施工图设计文件,待政府有关部门审查。

4.设计合同管理

设计阶段签订的任何合同,都与项目的投资、进度和质量有关,因此,在项目管理工作中应充分重视合同管理。设计合同管理的主要任务是:

(1)确定细部设计和专业设计委托的合同结构;

(2)选择这些合同的标准合同文本,起草设计合同的特殊条款;

(3)从投资控制、进度控制和质量控制的角度分析设计合同条款,分析合同执行过程中可能出现的分歧和问题;

(4)参与细部设计和专业设计的合同谈判;

(5)进行设计合同跟踪管理,包括合同执行情况检查,以及合同的修改、签订补充协议等事宜;

(6)处理有关设计合同的索赔和合同纠纷事宜;

(7)向业主递交有关合同管理的报表和报告。

5.设计信息管理

设计阶段信息来源广、数量大,且内容复杂,整个设计过程始终处于信息的交换状态中,因此必须做好信息管理。设计阶段信息管理的基本原则是:通过对信息的合理分类、编码,制定信息管理制度,提升信息传递速度和效率,全面有效地管理信息,在此基础上建立完整的文档系统,以客观记录反映项目建设的进程。设计信息管理的主要任务是:

(1)建立设计阶段的工程信息编码体系;

(2)建立设计阶段信息管理制度,并控制其执行;

(3)进行设计阶段各类工程信息的收集、分类存档和整理;

(4)运用计算机进行信息管理;

(5)建立有关会议制度,整理各类会议记录;

(6)督促设计单位整理工程技术经济资料、档案;

(7)填写设计管理工作记录;

(8)将所有设计文档(来往函件、会议纪要、政府批件等)装订成册,在项目结束后递交图书馆方,图纸及设计说明文件设计单位直接递交,竣工图纸及有关资料由施工单位直接递交。

(二)项目设计进度控制管理

1.设计阶段进度控制的目标

根据本工程项目的要求,项目管理方编排项目总控制进度计划,制定设计阶段的阶段进度控制点,并以此要求设计单位根据合同要求提出设计总进度控制计划,设计准备工作、施工图设计等工作进度计划。项目管理方对设计管理工程进行审查并督促其实施,及时进行计划进度与实际进度的比较。出现偏差时要求设计单位进行调整,以保证工程项目在规定期限内竣工并投入使用。

2.设计阶段进度控制的方法

项目管理方设计主管应按照设计合同总进度控制目标的要求,对设计方的进度实行动态的监控。

（1）首先审查设计单位编制的进度计划的合理性和可行性，看是否考虑了各种不利的因素（如节假日、天气情况、人员流动等），报项目总工程师批准。

（2）在设计进度计划实施过程中，项目管理方工程设计主管对设计方在各阶段填写的设计图纸进度表进行核查分析。

（3）检查设计文件是否满足设计输入的要求，如规划红线、地形图、测量图、地质资料，各种设计依据的批文（包括投资、规划、消防、卫生等部门）。

（4）项目管理方设计主管定期检查设计工作的实际完成情况，并与计划进度进行比较分析，一旦发现偏差，及时组织设计单位分析原因，采取针对性的措施进行整改。必要时，应对原进度计划进行调整或修订，以满足总的设计进度控制要求。

（5）实施有效的进度控制，除了要确定项目进度的总目标，还需要明确各阶段、各级分目标。

（6）协助设计方尽量减少设计过程中的设计变更，把问题解决在设计过程中，以免影响设计进度。

（三）项目设计变更管理

项目管理方应按照合同约定的建设方案、规模、内容、标准、工期和项目总投资，进行建设组织管理，严格控制项目概算和预算，确保工程质量，按期交付使用。

根据新疆图书馆项目招标文件的要求，项目建设过程中出现的设计变更控制应按以下方法处理。

（1）项目管理方不得在施工过程中利用施工洽商或补签其他协议随意变更建设规模、标准、内容和总投资额。因技术、水文、地质等原因必须进行设计变更的，应由设计方填写设计变更单，并经项目监理方、施工单位签署意见后，由项目管理方上报业主、使用方审批，具体设计变更审批程序建议严格按下述分类办法办理：

第一，凡涉及可能造成改变建设规模、标准、使用功能和总建设工期的，上报图书馆方审批；

第二，增减工程造价在 10 万元以上（含 10 万元）的，提前上报图书馆方审批。未经同意，项目管理方不得擅自做主。项目报批同时，应就资金费用处理问题书面征询图书馆方的意见，得到批准后组织实施。

第三,凡涉增减工程造价在 10 万元以内的,属Ⅱ类设计变更。项目管理方要对其进行现场确认并马上组织施工,同时在 5 天内应将有关材料报图书馆方备案。

(2)图书馆方提出的变更,变更文件应清楚列明变更的项目、部位、材料、设备等内容。项目管理方在收到变更通知后 7 天内将变更实施方案及所形成的后果(如投资增减、工期影响等)报送图书馆方,确认后及时组织施工。

(3)项目管理方提出的变更(Ⅰ类变更),变更文件应清楚列明变更的项目、部位、材料、设备、投资增减、工期影响等内容,报送图书馆方批复,图书馆方确认后及时组织施工。

第三章　图书馆建设工程造价管理

第一节　工程造价管理原则及措施

随着人们对工程施工要求的不断提高,工程造价管理成为管理工作中的重点。工程造价管理做得好能降低工程整体成本,减少施工当中不合理的花费。当前市场竞争愈来愈激烈,企业要想在建筑领域占据发展优势,就要不断提高造价管理的水平。只有这些层面得到了加强,建筑企业才能获得发展优势。通过造价管理提高工程施工的质量,促进施工进度,是提高建筑工程企业市场竞争力的重要保障。

一、工程造价管理原则

图书馆建筑工程管理当中的造价管理要遵循相应的原则,才能顺利实施。工程造价管理工作要注重动态监控的原则,也就是在工程造价的管理过程中要制订动态化的控制方案,针对不同环节采用不同的管理措施,并随时进行评估及修正,控制造价管理的质量,从整体上提高工程造价管理的水平。此外,图书馆建筑工程管理工作的实施,要充分注重造价管理的事前控制原则。事前控制是决定整体造价的关键环节。

作为建筑工程中的重要模块,为了确保其科学性和全面性,工程造价管理往往要遵循以下基本原则。

（一）事前控制原则

传统的图书馆建筑工程造价管理主要聚焦在实际造价与目标造价偏差的控制方面,并且根据实际成本的控制情况,不断修改目标造价。近几年来,经过多年的实践经验积累,业内发现传统的以偏差控制为重点的工程造价管理对于降低整体项目成本的作用不大。而项目在设计阶段往往就已经决定了整个工程成本的大致范围。因此未来建工工程造价管理需要以事前控制为基本原则,聚焦于项目设计阶段,通过合理的测算和评估确定项目整体建设成本,从而最大限度地实现工程造价管理追求的目标。

（二）全面控制原则

图书馆建筑工程造价管理需要贯穿于整个项目工程的五个阶段中,涉及投资方、设计方、施工方、监理方等多个主体,并且需要从人力、物力以及管理等多个角度进行成本控制,具有项目管理的全面性特点。

（三）动态监控原则

为了在图书馆建设工程造价管理的各个环节中实现有效控制,必须对各项活动进行动态监控,并通过反馈不断评估、修正相关计划方案,控制项目目标值和实际值的偏差,确保项目的顺利实施。

（四）重点控制原则

对于一些投资规模大、项目周期长的大型图书馆建设项目,在可研、设计、招投标等各个阶段都有可能涉及大额的合同管理,因此在项目实施期间,需要针对各个阶段的具体情况,有选择地进行重点管理。比如项目施工阶段,需要根据前期设计阶段的成本估算进行细化并落实到施工的具体环节中。

二、工程造价管理措施

图书馆建筑工程管理工作中造价管理控制,要注重和造价控制的实际现状相结合,保障从整体上提高造价管理的水平[①]。笔者就此提出几点造价管理控制的措施。

（一）加强工程决策环节的造价控制

图书馆建筑工程造价的控制管理实施,要体现过程性,在每个环节都要注重造价控制的工作,如此才能从整体上保障造价控制质量。决策环节的造价控制,也要做好相应的细节工作,如造价管理人员通过资料的收集以及分析,对工

---

① 全国一级建造师执业资格考试用书编委会.建设工程法规及相关知识[M].北京:中国建筑工业出版社,2009.

程施工的可行性以及经济性进行分析论证,精确计算整个工程的成本投入。再有就是从方案的优化层面来说,技术人员要与经济核算人员配合,对施工建设方案进行动态化的分析,选择最优的方案和施工流程,只有这样才能保障决策环节的造价管理质量。

（二）加强设计环节工程造价控制质量

图书馆建筑工程的设计环节也是比较关键的,对工程造价有着直接影响,设计的质量和造价的质量有着紧密的联系,要从整体上控制建筑工程的造价,就要重视这一环节的把控,将造价在设计环节得到合理的控制,避免施工中产生不必要的成本投入。

（三）施工环节工程造价质量控制

图书馆建筑工程造价控制管理在实施过程中,要充分注重施工环节,这也是整个造价控制当中的重点。从具体的措施来看,要充分注重施工组织的科学设计,对工程的施工进度以及方案和资源的应用等进行完善和优化,制订科学的工序,尽量减少返修情况的发生。此外,要注重工程造价的动态化控制,建筑工程施工工期长,在此期间可能发生不可预知的情况造成成本增加,此时要及时调整造价。

综上所述,图书馆建筑工程管理过程中要从多方面考虑分析,做好相应的造价控制管理方案,只有这些基础层面得到了加强,才能保障整体造价管理工作的顺利实施。

第二节　工程造价管理分类

一、图书馆建筑工程造价管理

（一）投资决策阶段的造价管理与成本控制

在工程项目的投资和决策阶段,项目规模的大小、建设水平的高低、建设地区和地点的选择、施工工艺的采用和相关设备的选用等都会对工程的造价造成影响。合理地确定工程规模对工程造价的控制有直接影响,衡量建设标准的各项指标的合理设计也直接影响到工程费用的高低。工程建设地区要尽量选择靠近原料、燃料提供地和产品消费地的地方,这样可以减少施工中的运输费用和流通时间。工程建设地点的选择应尽量考虑土地的节约、地质的选择和交通运输条件等因素。施工中工艺、设备的选用要遵循先进适用、经济合理原则。最后,还要对不同的施工方案进行技术和成本的比较,科学决策、正确判断。

(二)设计阶段的造价管理与成本控制

工程设计阶段的造价管理和成本控制是整个工程成本控制的关键环节,为此我们应主要从以下三个方面着手。

(1)工程前期进行招投标设计,选择优良的设计单位,全方位考虑,尽量将工程主体及配套工程结合在一起进行投标考量,招投标设计完成后还应组织专家对方案进行综合评价。

(2)对工程进行限额设计。项目的限额设计人员要熟悉掌握工程预算定额及费用,熟悉材料预算费用,然后进行科学的概算,初步概算出费用。施工中的各个部门要合理分解和使用投资限额,科学地把施工图设计和预算结为一体,同时在施工中严格控制设计变更,保证施工限额和费用的稳定性。

(3)明确采用合同措施,避免施工中设计方案的随意变更。在合同中明确工程变更的费用额度,通过合同措施加强管理。

(三)施工阶段的造价管理与成本控制

施工阶段的成本追加易造成工程造价出现偏差,决算超过预算。在施工阶段,由于工程项目受到一些因素的影响导致要追加一些预算中不涵盖的内容。比如,工程材料浪费、主要材料价格上涨、机械设备损坏、安全事故等带来的工程成本的提高。因此,施工企业不能忽视这一阶段工程造价的管理与控制工作。

1.规范工程项目施工系统,增强施工现场的管理能力

施工现场秩序的优劣直接关系着整个项目工程施工系统的工作效率,是控制工程造价和成本的关键环节。如果施工系统规范、施工企业综合管理能力强,施工现场的资源浪费、施工安全事故等问题出现的概率也会大幅度降低,如此工程造价和成本超过预算等意外情况也可避免。

2.做好工程变更现场签证工作,为控制工程造价提供有力保障

所谓的工程签证是指以书面形式记录施工现场发生的特殊费用,这是建筑工程决算的重要依据之一。因此,工程变更签证记录与控制的质量直接影响着

发包商与承包商的切身利益,必须对其进行严格把关①。

3.采取有效措施,减少工程变更状况的出现

要做到减少工程变更状况的出现,就必须保证工程项目设计图纸的科学合理,保证施工方案不出现严重的缺陷,尽可能保证技术与设计不出现变更。尽管工程变更对于建筑工程而言,是一种不可避免、客观存在的现象,施工企业只能采取有效措施尽量减少这类情况的发生,但是,施工企业也并不能任由工程变更情况不断出现,必须对其进行严格管理与控制,这样才能保证工程造价的科学性与合理性。

(四)竣工验收阶段的造价管理与成本控制

建筑工程的竣工结算是进行造价管理与控制的最后阶段。工程竣工结算书也是工程造价合理确定的重要依据,但是据统计,经审查之后的工程结算与编制的工程结算价款一般会相差10%,有的甚至高达20%。因此审核人员和管理人员要严格根据项目合同、预算及费用定额、竣工资料、相关法律法规,委托有资质的中介机构对施工单位编制、送审的竣工决算书进行审核,仔细核实工程量,落实联系单签证费用,使审核后的结算客观合理地反应工程实际造价。

综上所述,建筑工程造价管理及目标成本控制是一个极为复杂,却非常重要的过程。因此,施工企业要想在市场经济中占有一席之地,就必须对建筑工程的每个施工阶段进行造价管理及成本控制。

二、图书馆室内装修工程造价管理

随着国民经济的快速发展,人们的生活水平有了大幅度的提高,这也使得人们对生活品质有了更高的追求。图书馆室内装修也是反映人们生活品质的重要途径之一,时代的发展,改变了人们的审美眼光,由此带动了图书馆室内装修个性化需求的增加,而这也为图书馆室内装修行业的发展提供了动力。伴随着个性化图书馆室内装修要求的增加,装修成本也在不断提高,而如何实施图书馆室内装修工程造价管理和目标成本控制就成为图书馆室内装修企业必须要考虑的问题。本节在阐述图书馆室内装修工程造价管理的构成和特征的基础上,分析图书馆室内装修工程造价管理及目标成本控制的方法。

---

① 周希祥,薛乐群.中国高等学校基建管理[M].北京:科学出版社,1996.

在图书馆室内装修管理中,图书馆室内装修企业对室内装修工程造价进行科学的管理,并实施适宜的目标成本控制策略,不仅能够有效地降低装修成本,还能够提高企业的经济效益,对提升企业的核心竞争力极为有利。从室内装修的发展现状来看,目前管理还不够规范,存在一些待解决的问题,同时由于部分室内装修企业对工程造价管理和目标成本控制不够重视,以至于装修工程普遍存在浪费现象,从而对企业的经济效益造成了不利影响。针对这种现象,企业应采取科学、适宜的方法,加强对室内装修工程的造价管理和目标成本控制,以便确保室内装修行业能够真正实现可持续发展①。

(一) 图书馆室内装修工程造价管理中的常见问题

图书馆室内装修工程造价具有一定的特殊性和不确定性,具体操作中常会出现以下问题。第一,从现状来看,还存在一些缺陷,比如招标不够严谨、选材复杂等,这些直接影响了室内装修工程的施工。而要想解决这些问题,应利用科学、有效的方法对招标严谨性进行提升,选用适宜的装修材料,以便在降低室内装修工程造价的基础上,确保工程的顺利施工。第二,新工艺和新材料的出现,也为新的施工工艺和新型装修材料的应用提供了机会,并在一定程度上改变了室内装修工程的造价预算,同时体现出传统造价预算方法已经不能满足当前室内装修工程的施工要求。第三,与土建工程项目造价相比,单方面的室内装修工程造价更高。因为室内装修工程的特点是工期短、标准化程度低,所以在实际装修过程中,室内装修工程的施工一般都不够规范,这也就提高了室内装修工程的造价。另外,室内装修工程在仅有示意图的情况下就进行施工,无形中增加了室内装修的难度,也增加了室内装修工程造价管理的难度。

(二) 图书馆室内装修工程造价管理的基本构成

图书馆室内装修工程造价管理内容主要包含下述几个方面:一是工程施工中的直接费用,如人工费、材料费、水费、电费等;二是工程施工中的间接消耗,如现场经费、管理费等;三是室内装修企业管理费用,如职员工资、劳动保险费等;四是税金,如营业税、建设税等;五是企业利润。

---

① 中华人民共和国建设部.建设工程监理规范(GB 5039 - 2000)[M].北京:中国建筑工业出版社,2000.

三、图书馆设计阶段的成本控制

在设计阶段对成本进行控制，也是为了保障目标顺利达成。结合事先拟定的标准与规划，对设计对象的实际价值和规划值进行有效监管、对比、纠正，在确立标准与目标的同时，检查工作进度，以缩小偏差，确立价值目标。

（一）增强设计期间的成本控制意识

设计的重点是在保障工程质量的同时控制预算。使用方在判定设计方案时往往过于关注美观与直观功能，对设计方案的合理性与经济性反倒忽略了。设计人员应树立经济的观念，掌握本方案内的收费标准、定额、价格、建材性能、施工成本与工艺等，避免方案过于超前与保守。

（二）明确赏罚制度，优化限额设计

在图书馆工程建设中，限额设计是一种全新的理念，它是结合任务书进行估算、审批、资金分配的一种设计方案。在践行限额设计时，应明确奖惩制度。图书馆方对设计单位在不影响工程功能，保障工程安全的前提下，做到低于预算的方案要给予积极的奖励，以鼓励设计单位在节约成本上的积极性。反之，则可以扣除一部分费用。

（三）重细节把控，节约成本

在图书馆工程设计项目中，设计单位必须结合现实要求，从细节处优化设计方案，落实成本控制要求。同时，对设计工作进行全面的监管，提高工程设计质量，在细节上减少不必要的失误与缺陷，减少后期施工中不必要的更改，达到控制成本的目的。

综上所述，成本控制始终贯穿在图书馆建筑工程项目设计过程之中。成本控制的方法、措施不同，对施工的要求也不同。只有在设计阶段将就工作做细做实，才能达到节约成本的目的。

第三节　工程造价管理的现状和改进措施

高质量和高成本一直以来都是工程项目的矛盾点，而工程造价成本管理可优化工程资源消耗，大幅提高工程效益。本节通过分析国内外工程造价管理现状,指出现有管理上存在的问题,提出改进措施。

我国的工程造价管理方式与国外相比还有不足。近年来,为解决高作业成本与高施工质量矛盾的问题,国家和工程企业一直大力探索科学合理的工程造价管理方式,尝试建立一套完整的,符合我国政策与市场要求的造价成本管理机制,以进一步提高工程建设效益。

一、我国图书馆建设工程造价管理的基本情况

随着经济体制改革的不断深化,图书馆建设工程造价管理正从计划经济时期的概预算定额管理模式逐渐过渡到由政府相关部门进行统筹监督,以市场机制为主导,与国际惯例全面接轨的新管理模式。新造价管理模式主要体现在以下四个方面。

(1)招标承包体现公平性、平等性,严防相关人员在投标项目中的贪污行为,择优选择施工材料供应商和工程承包公司,在工程造价管理体制基础上加入竞争控制因素,推行工程量清单计价模式,打破人为因素分配工程任务和施工单位的体制,促进施工单位的工程建设能力、应变能力和竞争能力的提升,打破单一垄断。

(2)打破图书馆工程建设中关注施工现场,忽视设计环节的局面,让施工单位认识到工程造价是项目工程的必要环节,科学预测的工程建设造价对施工大有好处,可以使工程建设更合理,提高工程项目的实际效益[①]。

(3)要求各地区工程造价管理机构定期更改并公布最新工程造价标准,对工程项目造价的估算、概算、结算和工资结算实行全方位科学管理,努力建立完善的造价管理制度,建立相关的工程造价管理信息系统,以改变以往分段管理的状况。

(4)大力发展图书馆建设工程造价咨询市场。咨询服务中工程造价咨询单位大量涌现,其通过对工程方案进行全面的可行性研究,根据工程的基本数据合理推算工程造价预估,帮助相关企业建设高质量工程,体现了工程造价的实际作用。

---

① 崔艳秋,吕树俭.房屋建筑学[M].北京:中国电力出版社,2008.

二、图书馆建设工程造价管理过程中存在的不足

(一)不重视图书馆建设工程造价预测

某些工程企业过于重视工程项目的实施阶段,忽视造价控制管理的重要性,对工程造价的内涵认识不到位,没有意识到图书馆建设工程造价预测对工程建设的重要影响,如此一来,项目立项设计阶段的工程造价管理工作仍是薄弱的一环。对造价管理的作用认识不够,设计方案缺少科学合理的思考易造成工程后期投资超支、工程延期,甚至工程烂尾。

由于一个工程需多个部门共同合作完成,如果施工单位和工程造价机构间缺乏必要的沟通交流,双方没有统一工程造价管理标准,同时造价人员缺少真实完整的工程资料,将导致难以进行造价预估工作。

(二)不成熟的造价咨询业市场

图书馆建设工程造价工作需依据该地区的造价管理标准,对整体工程进行全面认识与规划,以此才能化整为零,制订出科学合理的工程造价预测方案。由于工程的复杂性与多面性,涉及面广,专业的工程造价咨询公司应运而生,但由于市场成熟度不高且经验不足,我国要形成专业的工程造价咨询市场还要不断探索实践。一方面,很多工程造价咨询公司没有立足于公平客观的行业特点,没有进行合理的工程造价管理,最终使工程企业对咨询机构不信任,导致造价咨询市场的不良发展。

另一方面,工程造价咨询机构因缺乏对工程项目的整体认识,只针对工程项目的实施阶段进行分析,对项目的整体可行性研究及工程后期的休整维护等都难以介入,更无法保证工程造价服务的严谨性,使造价机构的社会信誉受到影响,阻碍了整个造价咨询市场的长远发展[①]。

(三)图书馆建设工程造价管理体制问题

完整的工程项目流程环节包括招标阶段、投资决策环节、施工方案设计环节、实际施工阶段及最后的竣工结算维护阶段。

由于一个图书馆建设工程的不同阶段可能由不同的团队部门共同合作完成,因此工程造价管理也是分阶段进行,这会直接造成工程造价管理因缺少沟

---

① 孙澄.当代图书馆建筑设计[M].北京:中国建筑工业出版社,2012.

通导致管理困难。某些部门内部之间可能会缺乏默契的协调配合,在缺少关键交流的情况下,可能会在管理合作方面出现各种影响工程建设的状况,导致工程造价管理人员判断预估出现问题。如果工程造价管理难以形成有效的协调机制,将不可避免地造成工程造价管理的错误预估和整体的低效率。

另外,过多的行政干预是造成工程造价管理体制不健全的原因之一,政府有关部门的惯性传统思维无形中约束了工程造价管理的发展。

（四）图书馆建设工程造价计价方式落后

目前,我国工程计价主要采取定额计价方式。定额计价是指工程造价管理人员先通过分析施工工程方案计算工程项目工程量,然后乘以定额单价求得工程直接费用,再套用有关定额取费费率和直接费,最终获得工程造价预估值。

由此可看出这种定额计价模式存在很多问题,在各种客观因素的影响下,难以得到符合工程实际情况的造价预算,长期可能会使工程造价行业停滞不前。

（五）图书馆建设工程造价管理法制不健全

就工程造价管理而言,国家已出台的法律法规难以满足其复杂多变的需求,部分盲区会导致工程造价不合理的情况发生。我国在工程造价管理方面制定了大量法律条例,但因受我国市场经济整体环境的影响,相关部门有时并没有根据条例完全贯彻和落实,故需继续健全工程造价的法律制度,进一步规范工程造价管理,打击违法违规,使造价管理机构更公平公正。

三、图书馆建设工程项目造价管理的方法

（一）强化成本控制,提升图书馆建设工程造价管理

图书馆建设工程造价管理通过对工程建设的指导、预估、调整及监督,为整个工程项目管理提供造价预期估算,具有重要的指导意义。成本控制是工程造价管理不可缺少的一部分,通过合理准确的成本控制,可将工程的基础数据转化为未来工程项目管理的具体依据,最大限度地提升工程项目造价的精确度。因此,重点控制工程造价成本,以合适的成本建设高质量项目是工程建设必须考虑的一个环节。

（二）建立工程造价信息管理系统,以大数据模型预测工程造价

随着大数据技术的兴起,未来可建立一套供工程企业和工程造价管理机构

共同使用的工程造价信息管理系统。通过收集大量的工程项目,根据不同区域的情况,分析工程项目与地理环境、设备材料和种种关联规则,挖掘潜在信息,通过数据获取工程造价,降低人为因素的造价影响。信息管理系统可以更方便地管理工程各阶段,输入的工程信息可作为历史记录,为以后的工程项目提供有价值的造价参考。

（三）明确图书馆建设工程造价管理职责

我国还处在市场经济初级阶段,因此市场运作机制还不完善,须积极创新改革,进一步完善工程造价市场。

当前定额管理的重点是要努力完善价差调整管理机制,定期调整发布材料价格及相应的人员工资水平,建设相关调整系数等信息数据,使造价管理机构可更准确地预估造价。

四、图书馆建设工程造价管理的控制措施

（一）严格把关设计阶段,减少后期工程造价

工程设计阶段对于施工有着重要影响,合理的设计方案可使整体工程造价降低10%以上,优秀的设计可保证工程的高质量。为此,工程造价管理人员要做好项目设计的核查、核算等把关工作。为在设计阶段明确造价控制目标,应就项目需求、工程结构布局、建设设备材料等项目设计进行合理的造价控制,比对估算实际的工程总体经济价值。

（二）重视招投标阶段造价控制

在工程招投标阶段,招投标双方都要以保证公开、公正和透明的原则,坚决维护招标流程的合法性,对于招标文件中造价管理资料的制订,造价人员须严格遵循造价规范要求,应注意可能影响招标的各种因素,保证文件中的项目造价情况与现实相吻合,尽量做到"万无一失"。挑选中标方时,需严格防范恶意竞争的发生,保证工程项目造价的准确性和合理性,通过工程量清单计价方法进行最终选择。

（三）施工阶段进行强有力的管理控制

工程前期规划后进入项目施工阶段,该阶段要耗费大量的人力、物力与时间,但在很大程度上决定了工程质量,是工程造价成本占用最高的阶段。

首先,造价管理人员应加强与施工单位的交流沟通,结合当前市场材料、人

员薪酬和工艺技术等情况,深入分析和判断工程施工方案的合理效益。为此要着重创新管理模式,以提高施工工程的工作效率,建立工程监督制度,将责任逐级落实到个人。可使个人绩效奖励提成与成本控制挂钩,提高人员积极性。

其次,造价管理人员要按工程造价管理标准严格审查施工方案、施工计划书等材料,加强工程变更审核力度,确保施工方案少变更或早变更,以减少施工阶段中不必要的麻烦。

（四）加强施工材料的成本控制

最大限度节约成本可为工程公司争取最大的经济效益,因此需加强对工程材料采购和消耗的控制。资料显示,大部分工程材料成本约占整个工程成本的40%,这个数据足以表明施工材料价格是工程造价的关键。因此工程造价管理人员应加强施工材料的成本控制,在不影响工程质量的基础上,合理控制施工材料成本,这有利于工程造价管理。

工程造价管理须涵盖工程项目的所有阶段,通过不断创新改革,重视造价管理市场,充分认识到工程造价对工程项目的重要性,努力探索适应我国社会经济市场并且科学合理的工程造价管理新模式。通过工程造价控制工程成本,避免工程经费超支的现象发生,使工程建设的效益得到提高。

第四节　案例分析:新疆图书馆二期改扩建工程项目造价控制管理

本节主要针对新疆图书馆建设工程造价控制工作展开讨论。本工程是改扩建工程,其特点是在原建筑不拆除的情况下与新建建筑相连并对原建筑进行加固改造。

针对该工程,项目部将与各专项的分包单位制订了合理的专项方案,与各相关单位密切合作,积极稳妥地完善各分项工程的质量及安全工作。

一、新疆图书馆造价控制的原则

(1)以建设单位和承包单位正式签订的工程总承包合同中所确定的工程总价款,作为造价控制的总目标。

（2）根据建设单位和承包单位正式签订的合同中所确定的工程款支付方式，审核拨付签认。

（3）根据建设单位和承包单位签订的合同所确定的工程款结算方式，进行竣工结算。

二、新疆图书馆造价控制的内容

（1）核实工程量，进行实物量签认。

（2）控制设计变更洽商具体情形如下：

第一，建设单位决策性的改变，如提出新的设计要求对原设计进修改，工程范围和内容发生变更等；

第二，设计单位的设计文件和现场情况不符，绘制图纸有错误，与说明不一致；

第三，承包单位由于施工的需要而提出的变更，由于材料、设备的供应问题而产生的变更，以及由于人力不可抗拒的破坏而引起的设计变更等。

三、新疆图书馆造价控制的措施

（1）造价总额切块：根据工程施工总形象进度，依时间分割把造价切块。

（2）根据施工合同有关条款，合同价款及施工图对工程造价目标进行风险分析。

（3）严格工程计量，监理人员对承包单位报送的符合合同约定的实际完成工程量进行计量，由总监理工程师审核工程量报审表并予以签发，未经监理人员签认的工程量或不符合施工承包合同规定的工程量，监理人员应拒绝计量和签认该部分的工程款支付申请。

（4）严格执行工程变更及洽商程序。监理工程师审核变更洽商是否符合施工验收规范及设计变更要求，签发变更指令。大的变更（指原设计方案或增加投资）要报经业主批准。

（5）专业监理工程师应及时收集、整理有关的施工和监理资料，为公正、合理地处理工程索赔提供证据。

（6）积极推广新技术、新经验、新工艺及最佳的施工方案，合理化建议，节约开支，提高综合经济效益。

（7）加强造价信息管理,定期进行造价对比分析。

（8）认真核定施工单位报来的当月工程计量申报表,及合同项目月付款申报表,由项目总监签字交业主办理付款手续。

四、新疆图书馆工程造价控制制度

（1）工程计量和工程款支付程序。

第一,承包单位统计经专业监理工程师质量验收合格的工程量,按施工合同的约定填报工程量清单和工程款支付申请表。

第二,专业监理工程师进行现场计量,按施工合同的约定,审核工程量清单和工程款支付申请表,未经监理人员验收合格的工程量或不符合施工合同规定的工程量,应拒绝计量并拒绝该部分工程款支付申请,计量和审核完毕后报项目总监理工程师审定。

第三,项目总监理工程师审定后签署工程款支付证书,并报建设单位。

（2）项目总监理工程师应审查工程变更的方案,并宜在工程变更实施前与建设单位、承包单位协商确定工程变更的价款。

（3）项目监理机构应按合同约定的工程量计算规则和支付条款进行工程量计量和工程款支付。

（4）专业监理工程师应及时建立月完成工程量和工作量统计表,对实际完成量与计划完成量进行比较、分析,制订调整措施,并在监理月报中向建设单位报告。

（5）专业监理工程师应及时收集、整理有关的施工和监理资料,为处理费用索赔提供依据。

第四章　图书馆建设项目招投标管理

第一节　招投标管理及其原则

随着我国经济的快速发展,工程项目的建设数量不断增多,加之市场竞争日益激烈,图书馆建设工程项目招投标管理体系也在不断完善,为了尽可能地降低企业投资成本,规范建筑市场秩序,加强图书馆建设工程项目招投标管理对市场经济的发展具有重要的作用。本章主要对图书馆建设工程项目招投标管理的重要性、存在的问题及应对措施进行分析论述,希望能够为工作实践提供一些有价值的参考。

一、图书馆建设工程项目招投标管理的重要性

随着社会主义市场经济的迅速发展,作为我国图书馆建设工程项目采购最重要方式的图书馆建设工程项目招投标,其管理体系也在不断完善。为了尽可能地降低企业投资成本,规范建筑市场秩序,有必要加强对图书馆建设工程项目招投标的管理。这样做的好处如下所示。

（一）有利于完善市场竞争机制

随着我国加入世贸组织,国内外的市场竞争压力越来越大,为了更好地适应新的发展形势,加强图书馆建设工程项目招投标管理,可以有效地完善建筑市场的竞争机制。有竞争才能促进市场的不断发展,在计划经济时期,国家对工程建筑市场的过多干预严重阻碍了市场竞争机制的快速发展。随着改革开放的不断深化,在建筑工程行业的市场竞争中自由经济体制发挥的作用越来越大,我国的建筑工程企业也逐渐走向世界。为了获得更好的生存和发展空间,

企业只有加强工程项目招投标管理,提升自身的竞争力,才能实现自身的经济效益和社会效益。

（二）有利于促进企业的快速发展

在图书馆建设工程项目的招投标阶段,每个投标企业都必须将自己的投标实力进行详细的展示,主要包括企业的资金状况、技术水平及内部管理水平等。这种招投标的形式实现了企业间的信息共享[①]。通过图书馆建设工程项目招投标工作的有效开展,企业可以掌握市场经济的发展动向,获得竞争企业的商业信息,做到知己知彼,并认清自身的实际情况,进行准确的定位。

（三）有利于推动国民经济的增长

我国市场经济还处于不断上升的阶段,图书馆建设项目工程招投标工作的顺利开展不仅可以促进其自身的发展,还可以带动相关行业的快速发展,如运输业、金融业等,使市场运行体系不断完善,促进国民经济的快速增长。

二、图书馆建设工程招投标管理中存在的问题分析

（一）业主过于重视标价,建设单位盲目报价

在实际生活中,有些中标单位会将工程分包下去,从中收取管理费用。这种情况下,想要确保工程质量,那么中标的单位就几乎没有利益可图了,对那些诚信企业来说,他们只有在管理上做到完善,才可以真正提高工作的效率,只有通过加强管理才能弥补承包资金不足的问题。除此之外,如果中标企业将标底设得过低,会使上级主管部门审批投资不足,拨款不到位,建设产生停工待料的情况,从而延长了施工周期,难以充分发挥出投资效益。

（二）擅自修改已签订好的承包合同

在工程竞标中,很多企业为确保自家中标,经常会在合同上做文章,利用专业知识,如材料用量、造价计算或某些关键词等蒙骗不懂的管理者,又或者是钻法律的空子,有时甚至出现承包单位和建设单位的合同管理人员暗中勾结,使签订的合同更利于承包单位的现象。除此之外,有些中标单位为规避招标流程,加大资金投入,和建设单位的某些管理人员签订其他的附属合同。

---

① 吴鑫莹.浅谈图书馆人性化设计[J].轻工科技,2013(8):146-148.

（三）没有及时解决招标过程中存在的事项

当前,在招标文件中,极易出现工程量差错问题,特别是在施工进行中出现新增项目,但是,业主通常会对这些新增项目采用回避的方式,也或者是坚持否定的态度,这样一来,会使承包单位难以承受高额的资金投入,于是只能从其他项目的资金投入中,通过偷工减料等形式达到补偿的目的。然而,有些承包单位是可以对招标过程中,那些未尽事宜索要赔偿的,但是,他们为了搞好关系,却不敢提出索赔的请求,将这种合理的索赔变成了不正当的偷工减料行为[①]。

（四）代理机构资质无法保障

随着市场经济的不断发展,我国招投标管理中的监管方式也发生了转变,现在图书馆建设工程招投标工作的具体操作都由代理机构来办理。在发达国家,对工程项目招投标的代理机构有明确的法律法规来制约,由于我国还处于社会主义初级阶段,工程项目招投标管理体系还不完善,在建筑工程行业的招投标代理管理方面法律法规还不完善,无法对其行为进行严格的规范。在很多代理机构中,工作人员没有从业资质证书等,还有一些代理机构为了获取更多的经济利益,利用自身的关系投机取巧地替投标人选择投标项目,这种行为严重损害了国家利益,阻碍了建筑工程招投标市场的健康发展。

三、招标投标活动应遵循的原则

《中华人民共和国招标投标法》(以下简称《招标投标法》)第五条规定:"招标投标活动应当遵循公开、公平、公正和诚实信用的原则。"

(1)公开原则。公开是指招标投标活动应有较高的透明度,具体表现在建设工程招标投标上要信息公开,条件公开,程序公开和结果公开。

(2)公平原则。招标投标属于民事法律行为,公平是指民事主体的平等。因此应当杜绝一方把自己的意志强加于对方,进行招标压价或订合同前无理压价,或投标人恶意串通,提高标价损害对方得益等违反平等原则的行为。

(3)公正原则。公正是指按招标文件中规定的统一标准,实事求是地进行评标和决标,不偏袒任一方。

(4)诚实信用原则。诚实是指真实和合法,不歪曲或隐瞒真实情况去欺骗

---

① 邓绍敏.建设工程投标报价的风险分析及决策研究[D].南昌:南昌大学,2005.

对方。违反诚实原则的招标投标行为是无效的,且违反方应对此造成的损失和损害承担责任。信用是指遵守承诺,履行合约,不见利忘义,弄虚作假,甚至损害他人、国家和集体的利益。诚实信用原则是市场经济的基本前提。在社会主义条件下一切民事权利的行使和民事义务的履行,均应遵循这一原则。

第二节　招投标管理过程及其目标

一、图书馆基本建设招投标管理目标

自 2003 年 7 月 1 日建设部颁布的《建设工程工程量清单计价规范》实施以来,图书馆基本建设工程招标计价方式有了较大的变革,工程量清单计价不仅仅是一个简单的造价计算方法,其更深层次的意义在于提供了一种由市场形成价格的新的计价模式,工程量清单招标符合图书馆当前工程造价体制改革中"逐步建立以市场形成价格为主的价格机制"的目标;有利于将工程的"质"与"量"紧密结合起来;有利于馆方获得最合理的工程造价;有利于中标企业精心组织施工、控制成本。但由于图书馆建设工程工程量清单招投标还处于不断探索和完善阶段,建筑市场各方主体仍不够成熟,政策法规尚不够完善,招标制度也不够健全,招投标中还存在一些问题,因此,如何完善图书馆项目建设在工程量清单模式下的招投标管理,笔者认为,应着眼于实现招标投标的阶段性目标,就招标方而言,其阶段性目标具体是:①通过招标竞争使工程价格处于一个合理的价格范围内;②选择一个有资信,有能力,且技术、方案能保证工程顺利实施的承包商;③确定严格而又周密的合同条款,对承包商进行严格的控制,使工程顺利实施。通过这几年来的实践和探索,笔者就如何实现学校图书馆基本建设招投标管理目标提出以下建议。

（一）确定合理的评标办法

现在的招投标由于采用了工程量清单计价方法,所有投标单位都站在同一起跑线上,因而竞争更为公平合理,也有利于实现优胜劣汰,而且在评标时多倾向合理低价中标的原则。目前,招投标常用的评标办法有两种:经评审的最低投标价法和综合计分法。这两种方法各有利弊,应视工程具体情况而定。

（1）利用经评审的最低投标价法进行评标的风险相对较大。低的工程造价固然可以节省建设方的成本，但也可能造成投标方前期盲目压价，后期在施工过程中采取以劣充好的方法压低成本，或在施工期间通过变更等各种名义向馆方签证，一旦不成，就造成工期拖延或其他不良现象的发生，如此就违背了最低报价法的初衷，最终也会造成损失。所以，在不具备相关条件支持、工程项目较大、工程技术比较复杂的情况下，不建议采用此法。而当工程项目较小，施工技术要求一般时，采用此法可简化评标过程，降低工程造价。

（2）综合计分法不但考虑报价因素，而且对投标单位的施工组织能力、业绩和信誉等按一定的权重分值分别进行计分，最终按总评分的高低确定中标单位。综合计分法通常要先确定评标基准价。评标基准价常为有效投标报价之和除以投标单位数量，得出数值后所有投标单位的报价与之做比较，按分值扣减，但此法不是合理低价者获得商务最高分[①]，因此我们在实践中采用的基准价计算办法是在全部有效标中去掉最高、最低投标报价值平均后，再与次低投标报价平均，这样就能保证合理低价者获得商务最高分。当然也要预防几家投标单位串标，可采用两阶段评标的办法，即先对投标单位的技术方案进行评价（在技术标中有时能发现串标等疑点），在技术方案可行的前提下，再以投标单位的报价作为评标定标的唯一因素，这样既可以保证工程建设质量，又有利于选择一个报价合理且较低的单位中标。当工程项目较大，造价较高且施工技术较为复杂时，建议采用综合计分法进行评标。当然在技术标评标时，不能仅仅流于形式，应仔细审查技术标上的质量保证措施和降低成本的措施，清单报价能否与技术标相对应，要严格审核技术标部分对商务标的影响，以确保合理低价中标。

（二）严把投标企业资格预审关

近几年，图书馆发展速度加快，原有的设施及配套已不能满足发展的需要，作为图书馆方，应选择一个有资信、有能力，且技术、方案都能保证工程顺利实施的承包商来完成施工。图书馆因管理规范，一个工程项目的报名企业多则几十家，少则十几家，如何从中选择一家有实力，质量安全进度有保障，且报价又相对低廉的施工队伍，需要严把资格预审关。具体表现如下。

---

① 顾广平.浅析如何加强设计变更和签证管理[J].山西建筑,2009(7):259-260.

（1）在投标报名时,建立报名审核制度和投标人的信用档案。对投标企业的企业资质、技术力量、经济实力、以往业绩、获奖情况、诚信情况等资料进行认真核查,符合要求的方允许报名。

（2）成立考察小组,对投标单位进行认真考察,尤其在"挂靠"之风盛行的当前,考察的重点应放在项目经理的个人资质、类似工程业绩、项目班子、管理水平上,可通过网上查询,电话查询,已完工程业主单位走访,与投标申请人所在地质检站、建管部门沟通等多渠道进行比较和分析,发现异常或有虚假、夸大内容者,资审一律不予通过。同时,在招标文件中明确要求项目经理到位率,加上未经出资方允许不得更换项目经理等一些辅助条款。实践证明,好的项目经理是项目管理班子的灵魂,其素质高低决定着承包工程项目的成败,同时还能杜绝可能出现的腐败现象。

（三）签订严密的合同条款

图书馆基本建设在招投标阶段运用工程量清单计价办法确定的合同价格需要在施工过程中得到实施和控制,现在采用的合同版本是 2017 年由住建部、工商总局联合发布的《建设工程施工合同(示范文本)》(GF-2017-0201)。同时,《中华人民共和国合同法》建设工程合同第 275 条规定:施工合同的内容包括工程范围,建设工期,工程质量,工程造价,技术资料交付时间,材料和设备供应责任,拨款和结算,竣工验收,质量保修范围和质量保证期,双方相互协作等条款。双方要签订严格而又周密的合同条款,以保证在合同实施中对承包商进行严格的控制,使工程顺利实施。作为图书馆基建部门,应把重点放在工程造价的合同价格形式确定,工程变更、结算的依据上。在现行的施工承包合同中,按计价方式的不同主要有固定总价合同、固定单价合同和成本加酬金合同三种价格形式。

（1）固定总价合同是指在合同中确定一个完成项目的总价,承包商据此完成项目全部内容,这种方式也称包干制。当设计图纸和规范能在招标时详细而全面地准备好、项目工期不长(一般不超过 1 年),规模较小,工程项目内容要求十分明确,技术不太复杂时,宜选用固定总价合同。在这种情况下,合同管理的工作量较小,结算工作也十分简单,且便于出资方进行投资控制。但如果是图纸和技术规范不够详细,工期较长,价格波动较大,工程质量及设计变动较多的工程,承包方承担的风险较大,为此会加大不可预见费用来消除这些变动因素带来的风险,从而提高工程造价,这样最终对出资方是不利的,所以这种方式不适于大、中型的建设工程。可行的办法是在固定总价合同中增加一些必要的条款,由图书馆出资方分担建设期的部分风险,从而降低承包商的不可预见费用,使总造价下降。这样做对馆方与承包方双方都是非常有利的。

(2)如果在招标时图纸设计深度不够,特别是一些装饰工程,有的只有示意图,无详细结构图等,这种情况下,不能比较精确地计算工程量,要避免出资方与承包方任何一方承担过大的风险的话,采用固定单价合同是比较合适的。采用固定单价合同的优点是提供了工程量清单,便于出资方评标时相互对比,做出有利己方的决定,也给了出资方一定的灵活性。但固定单价合同也存在缺陷,比如,一旦工程量变化较大,或项目实施过程中大量增减内容,就会引起纠纷。为了在合同的履行中更好地分清责任和费用的支出,应在合同中进一步增加有关风险约定的条款。合同应规定当实际完成的工程量超出或少于清单工程量的比例,超出或减少部分的工程量其适用单价相应下调或上浮一定百分比。如某校综合实验大楼在风险范围以外合同价款调整方法中作了如下规定:"工程设计变更及工程联系单引起的工程量变化:当该清单项目的工程量变化幅度≤15%时,单价仍按原投标单价执行;当变化幅度>15%时,超过15%部分工程量的相应综合单价由承包人参照综合单价提出,经发包人或其委托的咨询单位工程师审定后,作为结算依据;当该清单项目完全取消时直接扣除该部分工程款,发包人不另作补偿;工程量清单以外增加的项目统一按《××省建筑工程预算定额(2003版)》《××省建筑安装工程费用定额(2003版)》及《××市建设工程造价信息》××年×期和省、市相应的工程价格信息进行计算,取费按民用类工程中限计取,总造价优惠作为增加的工程款(甲方签证材料主材价不做下浮)。"①经发包人签证同意的材料、设备暂定价格的调整,只调整材料、设备的差价及差价的税金。承包人对原发包人提供的工程量清单中项目及工程量进行复核,根据规定若有异议须在一个月内提出书面意见,并在同等时间内经发包人确认后,对项目及工程量(合同造价)进行调整。若逾期则视作认可,同时工程款支付基数也做相应调整。

---

① 李明华.论图书馆设计 国情与未来:全国图书馆建筑设计学术研讨会文集[M].杭州:浙江大学出版社,1994.

（3）成本加酬金合同是指招标方向承包方支付实际成本并按事先约定的某一种方式支付酬金的合同。从实际应用的需求和图书馆目前的情况来看，以上三种合同的应用方式不用严格区分。一份考虑完备的合同往往可以看到以上三类合同的影子。

图书馆基建管理是一项复杂的系统工程，而招投标又是一项基础性的前期工作，其成功与否直接关系到项目的成败。工程量清单计价作为一种新的计价模式，在现行政策不尽完善的情况下，图书馆基建管理人员应以确定合理的评标办法、严把投标企业资格预审关、签订严密的合同条款等方法来实现招标投标的阶段性目标，并在实践中不断总结、完善和提高，从而确保工程的顺利实施，最终为城市的发展提供硬件保障。

二、图书馆建筑工程的特点

（1）工程金额一般较大。图书馆建筑工程一系列基础建筑和配套设施，一般而言，其工程量和涉及的金额都是相对较大的。

（2）工程种类繁多。图书馆建筑工程涉及的建筑，类型多样，用途各不相同，这些又对建筑工艺提出了不同的要求，比如保证大批读者同时出入的能力、抗震能力，大厅防滑等，这对施工方的专业性提出了更高的要求。

（3）施工管理难度大。我国相关法规规定，在正常情况下，民用建筑使用寿命应在 50 年以上，但基于图书馆本身的特殊性，其建筑使用相对频繁，一定程度上影响其使用寿命，又给工期、资金预算带来了一些困扰。

三、图书馆建筑工程项目实行招投标管理的意义

（1）有利于堵塞管理漏洞。在引入招投标机制前，部分图书馆的基建工程是由某些指定单位负责的，而在引入了招投标机制后，图书馆基建工程的招标标活动往往是公开进行的，这意味着招标单位和投标单位可以面对面进行相关沟通，避免了可能存在的权钱交易，由相关职能部门等人员组成的招投标队伍，可以保证招投标的公开化、透明化，有效地堵塞了之前的管理漏洞。

（2）有利于节省资金，提高资金使用效率。图书馆基建工作的开支往往是相当庞大的，尤其是国家开办的图书馆，在以往的施工过程中，普遍存在浪费等对资金使用不合理的现象，而在引入了招投标机制后，相关单位可以选择投标

价格最低的施工方负责基建工作,投标方的中标价格往往低于底价,这可以使招标方大大节省资金。另外,投标方从自身利润的角度考虑,会更慎重的使用资金,这又有效地提高了资金的使用效率。

(3)有利于把控工程质量和工期。图书馆基建单位进行招标活动时,往往有一些相关文件提供给投标方,其中包括工程质量、工期等,投标方在充分了解了这些信息后,决定是否参与竞标,这意味着工程质量和工期把握的主动权掌握在招标方手中,有利于在工程进行时、结束后对工程质量进行把控,同时也可以加强对工期的控制。

四、图书馆建筑工程招投标中存在的问题

(1)相关制度不够健全。图书馆建筑工程引入招投标机制的时间并不长,相关法律法规虽然有,但针对性不强,这意味着整个招投标机制缺乏有效的管理,在出现问题时,责任的界定较难,校方和施工方都面临着一定程度的利益损失风险。同时,考虑到图书馆本身职能的特殊性,管理制度不健全带来的不利影响显然更大,可能造成读者无法正常学习。

(2)缺少专业人员。同样,由于图书馆建筑工程引入招投标机制的时间不长,在进行招标相关工作时,缺少专业人才,对招投标具体操作细节无法充分了解和把握,从而造成招投标活动的主动权被某一方控制,给另一方带来一定损失的情况。

(3)招标方工作人员责任心不强。我国大部分图书馆是国家和各地方所属事业单位,部分工作人员对基建工程的花费并没有认真做预算,在招投标过程中,也没有完全尽心尽责,致使招投标工作无法有序进行,招投标也失去了本身的意义。而且,这种不负责的态度很可能造成资金的浪费,及工程质量的安全隐患。

(4)审查不够严格。在招投标工作中,对投标方的资格审查极为重要,但目前看来,一些图书馆和职能部门对审查工作不够重视,导致许多没有投标资格的施工方混入,这对基建工作来说是十分不利的,甚至带来后续安全隐患。

(5)违法现象时有发生。由于部分图书馆是国家和地方所属事业单位,行政人员对招投标的干预时有发生,使招投标工作无法做到公平、公正、公开,这不仅滋生了腐败,影响了基建工程的质量,对图书馆招投标工作的进一步展开

也十分不利。

五、图书馆建筑工程招投标中问题的解决

（1）健全管理制度。健全管理制度主要是指相关部门对图书馆基建招投标相关工作进行必要的管理，同时图书馆自身也在内部建立管理制度，两者结合，确保图书馆基建工程招投标的顺利、有序进行，一旦出现问题，也能做到有法可依，及时解决。健全的管理制度是图书馆基建进行招投标的基础条件。

（2）增强人员素质。图书馆方在进行招投标活动前，应首先挑选专业人员组成工作团队，如果缺少专业人员，应选择社会雇佣的方式临时解决，之后加强对招标人员的专门培养，为以后的工作打下基础。同时，考虑到图书馆基建工程招投标频率较低，各大图书馆可以联合起来，成立共同的招标小组，方便需要时随时获得专业人员的帮助。

（3）规范招投标程序。招投标程序一般而言是相对固定的，但在具体工作中，应结合图书馆财政状况、地区经济发展情况、基建内容等多项标准，具体确定科学、可行的招投标程序。其基本原则应该包括在保证工程质量的前提下，最大限度节省资金、挑选有专业素质、责任感强的人员负责招投标工作、避免标底的泄露等。保证工程质量是图书馆基建工程的核心，在招标时，应尽可能选择实力较强的施工单位。在施工前，应对所需资金进行详细、反复的核算，确保资金使用效率。选择专业人员负责相关工作，避免投标方在合作中占据主导地位，确保双方的平等合作。标底的泄露会使招标工作无法做到公开、透明，对于标底一定要严格控制，防止外泄①。

（4）加大审查力度。审查是招投标过程中必要的环节，加强审查有赖于相关职能部门和学校方面的双向合作，首先，要确定投标方的投标资格，其次要确保投标方没有通过不规则手段预先得知招标内部信息，再次要综合调查投标方过往承建工程的质量是否过关，最后要保证投标方设备、人员的专业性，以及是否有能力在规定工期内完成基建工作。审查工作要做到科学、全面、可信，以确保招投标工作的顺利进行。

（5）建立监督机制。健全、完善的监督机制是保障招投标工作顺利进行的

---

① 顾建新.图书馆建筑的发展[M].南京：东南大学出版社，2012.

重要条件,其主要是针对相关管理人员而言,在招投标工作进行时,要确保管理人员不能以行政手段干预招投标工作,对于试图破坏公平性的相关人员,应严肃处理,使招投标工作可以在公平、公正、公开的环境下进行。

图书馆基建工程招投标是经济市场化的结果,其可以有效节省资金、缩短工期,同时保证工程质量,目前图书馆基建工程招投标存在着许多问题,可以通过健全管理制度、增强人员素质、规范招标程序、加大审查力度、加强监督机制等措施针对性地解决,从而使图书馆基建工程招投标工作公平、公正、公开进行,确保图书馆基建工程顺利实施。

第三节　招投标管理的方法和措施

一、改进图书馆建筑工程招投标管理的方法

(一)加大市场监管力度

加大对市场主体行为的监管,一是对建设单位行为的监管,包括完善政府投资工程项目的管理模式,建立完整的监管制度;加强对整个招投标过程的监管力度。二是对施工方行为的监管,主要从道德和市场两个方面对施工企业的行为进行约束。三是对中介组织机构行为的监管,包括建立和完善中介组织机构的市场准入和退出制度,形成一种优胜劣汰的市场净化机制;建立中介组织机构及其人员信誉评价制度,定期对其进行信誉评价,并予以公布等。

(二)建立公平竞争的市场

建立统一、开放的工程交易市场,充分发挥市场资源优化配置的作用,最大限度地保证招投标过程的公平、公正,降低招投标成本,节约社会资源,这有利于政府对招投标过程的监督管理。推行互联网招投标的前提是要建立一个科学、合理的招投标网络系统,方便发包方、承包方及中介机构在网络上进行招投标工作。

(三)建立完善的产品价格市场机制

建立以市场竞争为主导的建造产品价格形成机制,有利于施工企业根据自身的管理水平建立自己的企业定额,且以此为基础进行投标竞价,也有利于投

标企业充分发挥自己的价格和技术优势,不断提高企业的管理水平,进一步推动竞争,最终形成一个良性的产品价格市场机制。

（四）加强清单编制水平

（1）为了避免工程出现赶工的状况,我们需要根据实际情况来强化对勘察设计的监管、加强对设计质量的控制及图纸的审查工作,尽量做到建设工程项目设计详细化。

（2）要为预算的控制及准确的清单编制打下基础,就要在招标之前对施工现场的环境情况及建设用地进行考察并做好详细的现场记录。

（3）对投标文件,需要根据实际的情况编制,尤其是对评标的方法、招标的重要条款、附加条款及评定表的说明等,招标单位应根据实际情况进行严格的把关。

（五）履行招标控制工作模式

目前,有标底的招标管理多使用主体招标的模式。根据施工工期的标准、计价的分类、取费的规定及预算定额和调价文件等进行计算,得出预期的工程价格标准。但在预测评估时,计划经济的特征体现得十分明显,和目前市场的现实情况有着一定的区别,不能反映出各个区域、较多类别单位竞争的能力和总体价格,由此造成业主预期的价格标准无法全面体现出来[①]。并且技术人员对标底的编制工作受技术水平及定额标准方面的影响,很容易得出不科学的结论。对此,我们需要加入无标底招投标的管理模式,对工程造价进行合理的控制,保证招投标的公平公正性。

（六）利用电子技术改善管理

招投标活动的信息化为政府有关部门行政执法提供了新的平台,有关行政部门应充分利用这个平台加强和改善对招投标活动的管理。商务部是最早通过互联网对机电产品国际招标进行管理的国家行政主管部门,各级商务部门通过招投标活动的"入口"和"出口"对有关项目进行监督,但不参加开标、评标活动。从结果来看,全国机电产品国际招标市场秩序井然,问题较少。

（七）合理配备投标人员

准确完整的报价资料是项目中标的基础,所以,招投标过程中编制人员的

---

① 严明.20世纪中国图书馆建筑之演变[M]//中国图书馆学会.中国图书馆事业百年.北京:北京图书馆出版社,2004.

选配需要精准到位。必须根据工程项目的设计对编制人员进行分工,精确到人。根据招标的目标来落实每个人的责任,确保拥有合理的施工组织方案。

(八)完善招标法,根绝"权利标"及"关系标"

招投标法若想真正地落到实处,拥有更好的效果,还需要从以下几个方面着手:由政府部门主管,设立"投标办公室"或"投标指导小组";由招投标人来设立业主责任制单位或监理主管部门(处、科、室、组)。以上分析的两种情况都是暂时组建的机构,因此,涉及具体的工作多数会暂时抽调相关人员过来实施。而专业的投标机构是第三种,由专业人员来负责招投标活动,他们一般专业性比较强,对于即将实施的工程及投标的任务都有很专业的认识。

工程招投标是为了提高工程的质量,降低工程的造价,以科学合理的资金投入,取得可观的经济效益和社会效益,并从根源上切断腐败的蔓延。建设工程招投标实施以后,很大程度上促进了我国市场的繁荣和经济的发展。但是从当前我国工程招投标管理的现状来看,招投标过程中不良的现象还很多,进一步优化工程招投标管理任重而道远。我们必须坚定不移地寻求更加有效的措施,使工程招投标管理走上更加健康有序的道路。

二、强化图书馆建设工程招投标管理的措施

现阶段,我国图书馆建设工程招投标管理存在着一些问题,不利于招投标工作的顺利开展,因此需要针对问题,采取有效的措施,做好工程招投标的管理工作。

(一)建立健全监督体系

各级政府部门一方面要正确引导各个执法部门协调工作,充分发挥审计与纪检等部门的监督作用;另一方面,要充分利用先进的技术手段对整个招投标过程进行监督。首先,可以对参加招投标的所有到场人员进行登记,摄像头全程实时监控,如果条件允许,也可以将所有的电子通信设备加以屏蔽,这样一来,就可以避免在招投标过程中,有些人利用通信设备作弊。

(二)及时公开招标信息

结合"公平、公正"的原则,建立一套完善的招投标机制,确保各个项目在机制范围内运行。正式招标前,业主应借助媒体手段向社会公开相关的招标信息,项目信息要透明。同时,要对投标单位的资质、指标、诚信程度等进行严格

的审查,坚决避免挂靠资质以及串标等现象。

（三）进一步完善招投标制度

招投标制度不够完善,就难以实现高效的管理,也容易使招投标项目成为贪污受贿的聚集地。因此,各地政府部门可结合具体的实际情况建立一个专门的招投标机构,并安排管理人员负责此事,同时让审计人员、监察人员参与进来。

（四）规范招标人的行为

可将招标人进行细化处理,结合投标人的实际情况来填写报名资格审查表,对于那些投标单位受过部门奖励的,可以根据情况进行加分。对于不同的投标人,其所遵循的审查标准是大不相同的。此外,建立一个专门的工程承包市场,正确处理统一管理和行业管理之间的关系,在对招投标进行统一管理的基础上,各个施工单位或者管理部门应该结合建筑规定的要求,公平、公开地进行招标,与此同时,统一管理部门要和行业管理部门积极沟通,虚心接受行业部门的意见和建议,从而更好地做好工程的招投标工作。

综上所述,随着国内外市场竞争压力的增大,为了更好地适应新的发展形势,我们必须加强工程项目招投标管理,这样不仅可以完善市场竞争机制,增强我国建筑工程行业的竞争力,还可以提高我国图书馆建设工程造价的专业水平,促进我国建筑行业的快速发展。

三、图书馆招标采购中的法律风险与规避

招标采购过程中,图书馆可因招标文件包含法律规定的禁止性内容、违反法律规定修改招标文件、开标程序不合法、进行实质性谈判、违法签订中标合同,以及泄露秘密等而承担法律责任。招标采购中的法律风险可以通过一定措施予以规避。

图书馆采购电子资源、现代化设备、图书等可以进行招标。招标采购是一项法律性很强的工作,处理不好就会产生法律上的不利后果。熟悉图书馆招标采购中存在的法律风险及规避措施,可以保证图书馆依法进行招标采购,并最大限度地维护图书馆招标采购利益。因此,本书拟对图书馆招标采购中存在的各种法律风险及其化解方法进行探讨,希望能够对图书馆规避招标采购中的法律风险有所帮助。

（一）图书馆招标采购中的法律风险

1. 招标文件包含法律规定的禁止性内容

招标文件作为招标采购的必备材料，常遇到的法律问题是其中包含禁止性规定。虽然我国《招标投标法》对不得在招标文件中出现的行为和内容做了明确规定，如招标文件中不得出现排斥潜在投标人的内容，但现实中，一些招标单位编制的招标文件常含有诸如"参考品牌"等法律禁止出现的内容。

不过，一般情况下，招标单位为了规避《招标投标法》禁止性规定，常将禁止性内容转化为限制性条款，以达到方便招标人进行违规操作的目的。在图书馆招标采购中，招标文件里最常见的限制性条款主要有资格条件量身定做、售后服务要求苛刻、供货期或工期要求紧、变相指定品牌（有的招标文件中虽然没有指定品牌，但所提供的具体配置是某一品牌的特定型号所独有）等。

违反法律规定，在招标文件中使用限制性条款将会产生相应法律责任。根据我国《招标投标法》规定，招标人存在使用不合理的条件限制或者排斥潜在投标人等情况的，将被责令改正，并可以处一万元以上五万元以下的罚款。

2. 招标文件修改违反法律规定

招标人在编制招标文件过程中，由于受信息、时间、经验、专业知识限制，出现错误或者遗漏是常见的事。如果使用存在错误的招标文件进行招标，必然会影响招标的效果，甚至导致招标失败。因此，招标人可以主动地或者根据供应商的要求，对一些表述不清的条款、容易产生误解的内容，或者涉及实质性内容的错误进行澄清或者修改。虽然招标人可以对招标文件进行修改，但对招标文件的修改不能随意进行，必须满足法律规定的条件。法律对招标文件修改所设定的条件包括时间限制和通知义务。招标人如果确须对已发出的招标文件进行澄清或者修改，必须在要求提交投标文件截止时间至少十五日前进行，并且要以书面形式通知所有招标文件收受人。

法律虽然对招标文件修改做了明确规定，在实际操作中却经常出现不按规定对招标文件进行修改的情况。如在发布招标公告的网站上更换招标公告中的招标文件内容而不通知招标文件收受人，或者没有在规定的时间内以书面形式通知已获取招标文件的收受人的情况。这既给招标文件收受人制作投标文件带来不利影响，又因图书馆方违反《招标投标法》规定而可能给自己带来法律上的不利后果。

3.开标程序不合法

开标是指投标人提交投标文件后,招标人依据招标文件规定的时间和地点,开启投标人提交的投标文件,公开宣布投标人的名称、投标价格及投标文件中的其他主要内容的行为。开标必须按照《招标投标法》规定的时间、地点和步骤进行,否则将可能因程序违法而导致招投标活动失败。然而,现实中开标程序不合法的现象很普遍,主要有开标时间与提交投标文件截止时间不一致、临时变更开标地点等。

我国《招标投标法》规定,开标应当在招标文件确定的提交投标文件截止时间的同一时间公开进行。之所以这样规定,是为了防止投标截止时间之后与开标之前存在一段时间间隔而给不端行为造成可乘之机(如在指定开标时间之前泄露投标文件中的内容等)。图书馆招标采购的实际操作中经常出现违反该规定的情况,最典型的例子是提交招标文件的截止时间是上午,而开标时间却在提交招标文件截止时间的当天下午。

违反规定临时变换开标地点也是招标采购中经常出现的情况。开标地点一旦确定一般不得更改,确因特殊情况要更改时,必须在开标前通知到所有参加投标者,并且提供的条件不能低于更改前的开标地点所能够提供的条件。但现实中,更改招标地点情况时有发生,并在"通知"和"场地条件"方面存在瑕疵。通知后剩下的时间过短和场地条件不能满足演示或者展示需要等是常有的事,以致一些投标人错过了竞标或者中标的机会。

4.实质性谈判难禁止

实质性谈判是指招标采购中,在确定中标人前,招标人与投标人就投标价格、投标方案等具有实质性内容的条款进行谈判的行为。实质性谈判是《招标投标法》明确禁止的,在招标采购中却经常发生,其结果是不符合条件的投标人因在实质性谈判过程中答应了招标方的条件而中标,由此可能导致合同履行和后期服务存在瑕疵。

在图书馆进行的招标采购中时常会出现实质性谈判的情况,如在未确定中标人的情况下就和投标人就价款问题进行协商等。这种情况在图书馆电子资源招标采购中更易出现。根据《招标投标法》规定,这种情况不仅会导致行政法律责任的产生,还可能会导致中标无效。

5.违法签订中标合同

违法签订中标合同主要表现在两方面,即未在规定时间范围内签订合同和签订背离合同实质内容的其他协议[①]。按照法律规定,招标采购合同应在中标通知书发出之日起三十日内签订,但现实中,由于招标人对中标人的实力等不满意(主要出现在非图书馆自己进行的招标采购中),或者中标人为了能够中标而采取较低报价,中标后要求提高合同价款或者降低服务标准(主要出现在最低报价中标中)等情形的出现而导致合同不能按时签订的情况时有发生。如果合同未按时签订是由图书馆一方造成的,并给对方造成了损失,图书馆将要承担一定的法律责任。

招标采购合同必须按照招标文件和中标人的投标文件签订,合同签订后,招标人和中标人不得再行订立背离合同实质性内容的其他协议。招标人与中标人双方签订的书面合同,仅仅是将招标文件和投标文件的规定、条件和条款以书面合同的形式固定下来,招标文件和投标文件是该合同的依据。因此,订立书面合同时,不得要求投标人承担招标文件以外的任务或修改投标文件的实质性内容,更不能背离合同实质性内容另外签订协议,否则将因该合同违背了招标投标的原旨而无效。根据《招标投标法》规定,订立背离合同实质性内容的其他协议的,将要承担一定的法律后果,如责令改正,并可能处以罚款等。

6. 招标采购中存在的泄密风险

招标采购是一项涉及保密的工作,招标人负有很大的保密义务。根据《招标投标法》规定,保密事项主要有:①已获取招标文件的潜在招标人信息;②标底;③评标委员会(评标专家小组)组成人员名单;④投标文件;⑤涉及评标文件评审的内容。这些事项不但关系到招标投标能否公平顺利地进行,而且关系到招标单位的利益,必须保密。

招标采购涉及保密,也就存在着泄密的问题,因此,图书馆一方若在招标采购中违反保密义务将承担不利的法律后果。根据《招标投标法》的规定,依法必须进行招标的项目的招标人向他人透露已获取招标文件的潜在投标人的名称、数量或者可能影响公平竞争的有关招标投标的其他情况的,或者泄露标底的,给予警告,并处一万元以上十万元以下的罚款;对单位直接负责的主管人员和其他直接责任人员依法给予处分;构成犯罪的,依法追究刑事责任。

---

①　臧炜彤,韩丽红.建设法规概论[M].北京:中国电力出版社,2010.

（二）图书馆招标采购中法律风险的规避

1．"净化"招标文件

限制性条款使得招标单位有了一定的"可操控性"，易滋生腐败，会对招标采购工作产生不良影响，必须予以遏制、封杀。具体措施是：①图书馆方应增强法制意识，严守招标采购法律法规和采购活动的各种"游戏规则"，在资格设定、付款方式、验收标准及售后服务等条款的设置上，力求科学合理且可操作。②提供监督渠道，鼓励人们与设置"限制性条款"、妨碍公平竞争的行为做斗争。③纪检监察部门加大查处力度，从严查处"限制性条款"，认真负责地处理投诉事件，对蓄意设置"限制性条款"的招标人及相关责任人决不姑息迁就。

2．依法修改招标文件

既然法律对招标文件的修改做了明确规定，图书馆在招标采购过程中如果确实需要修改招标文件的话，就应严格按照法律规定的要求去做，即对已发出的招标文件进行澄清或者修改时，应当在招标文件要求提交投标文件截止时间至少十五日前以书面形式通知到所有招标文件收受人，并且把已经澄清或者修改的内容作为招标文件的组成部分①。

3．严格按照法律规定进行开标

开标的时间、地点以及开标程序等应按照法律规定去做。开标应当在招标文件确定的提交投标文件截止时间公开进行。开标地点应当是招标文件中预先确定的地点，确需更改的，应在开标前通知到所有递交标书的投标者，并保证非个人原因所有投标人都能够按时到达更改后的开标地点，且提供的条件不低于预先确定的开标地点所能够提供的条件。开标过程也应严格按《招标投标法》规定步骤进行，确保公平公正，并有据可查。

4．杜绝实质性谈判

实质性谈判不但有失公平，而且可能导致招标采购难以实现预期目标，且可能会让招标人承担法律上的不利后果。因此，图书馆在招标采购中应杜绝和投标人进行有关投标价格、实施方案等实质性内容的谈判。

---

① 袁丽琰，高力强．新中含旧，旧中生新——谈石家庄铁道学院图书馆扩建设计[J]．河北科技图苑，2005(2):19-21.

5.依法签订中标合同

《招标投标法》对招标合同的签订做了明确规定,图书馆在签订招标采购合同时应依法进行。首先,应在法律规定的时间内签订合同。作为招标人的图书馆应当自中标通知书发出之日起三十日内和中标人订立书面合同。其次,合同签订后不得再行订立背离合同实质性内容的其他协议,以避免承担法律责任。

6.做好招标采购过程中的保密工作

由于泄密可能导致严重的后果,图书馆在招标采购中应做好保密工作。第一,不得向他人透露已获取招标文件的潜在投标人的名称、数量或者可能影响公平竞争的有关招标投标的其他情况;第二,不得泄露标底;第三,不得泄露评标委员会组成人员信息或者其他参加评标的人员信息;第四,开标前不得开启并向他人泄露投标文件内容;第五,不得透露涉及评标文件评审的内容。这五点内容在《招标投标法》中都有明确规定,必须做到。

招标采购过程中经常出现一些违规操作现象,如进行实质性谈判等,这些行为给招标方带来很大风险,轻者影响招标活动的进程,重则导致招标采购失败。违规操作现象出现的原因是多方面的,但缺乏招标采购方面的法律知识,以及对相关法律问题的研究不深入是其中的重要原因。因此,希望广大同仁能够对图书馆招标采购中的法律风险予以足够的关注,也希望图书馆方能够将已有研究成果应用到招标采购实践中去,以减少招标采购中的法律风险。

第四节　案例分析:新疆图书馆二期改扩建工程项目招投标管理

本节主要针对新疆图书馆二期改扩建工程项目招投标管理展开讨论。招标范围:一期馆舍改造工程、二期扩建工程(消防工程、外墙及室内装修、弱电工程、电梯、空调安装工程除外)施工图纸范围内。

一、投标人资格要求(适用于已进行资格预审的)

投标人应是收到招标人发出投标邀请书的单位。

投标人不得存在下列情形之一:

（1）为招标人不具有独立法人资格的附属机构（单位）；

（2）为本标段前期准备提供设计或咨询服务的，但设计施工总承包的除外；

（3）为本标段的监理人；

（4）为本标段的代建人；

（5）为本标段提供招标代理服务的；

（6）与本标段的监理人或代建人或招标代理机构同为一个法定代表人的；

（7）与本标段的监理人或代建人或招标代理机构相互控股或参股的；

（8）与本标段的监理人或代建人或招标代理机构相互任职或工作的；

（9）自治区区外企业不具有《新疆维吾尔自治区区外建设工程企业进疆备案册》的；

（10）被责令停业的；

（11）被暂停或取消投标资格的；

（12）财产被接管或冻结的；

（13）在最近三年内有骗取中标或严重违约或重大工程质量问题的。

投标人准备和参加投标活动发生的费用自理。参与招标投标活动的各方应对招标文件和投标文件中的商业和技术等秘密保密，违者应对由此造成的后果承担法律责任。除专用术语外，与招标投标有关的语言均使用中文。必要时专用术语应附有中文注释。所有计量均采用中华人民共和国法定计量单位。"投标人须知"前附表规定组织踏勘现场的，招标人按"投标人须知"前附表规定的时间、地点组织投标人踏勘项目现场。投标人踏勘现场发生的费用自理。除招标人的原因外，投标人自行负责在踏勘现场中发生的人员伤亡和财产损失。招标人在踏勘现场中介绍的工程场地和相关的周边环境情况，可供投标人在编制投标文件时参考，招标人不对投标人据此作出的判断和决策负责。

"投标人须知"前附表规定召开投标预备会的，招标人按"投标人须知"前附表规定的时间和地点召开投标预备会，澄清投标人提出的问题。投标人应在"投标人须知"前附表规定的时间前，以书面形式将提出的问题送达招标人，以便招标人在会议期间澄清。投标预备会后，招标人在"投标人须知"前附表规定的时间内，将对投标人所提问题的澄清，以书面方式通知所有购买招标文件的投标人。该澄清内容为招标文件的组成部分。

投标人拟在中标后将中标项目的部分非主体、非关键性工作进行分包的，应符合"投标人须知"前附表规定的分包内容、分包金额和接受分包的第三人资质要求等限制性条件。"投标人须知"前附表允许投标文件偏离招标文件某些要求的,偏离应当符合招标文件规定的偏离范围和幅度。

二、招标文件

（一）招标文件的组成

本招标文件包括：

(1)招标公告(或投标邀请书)；

(2)投标人须知；

(3)评标办法；

(4)合同条款及格式；

(5)工程量清单；

(6)图纸；

(7)技术标准和要求；

(8)投标文件格式；

(9)"投标人须知"前附表规定的其他材料。

（二）招标文件的澄清

(1)投标人应仔细阅读和检查招标文件的全部内容。如发现缺页或附件不全,应及时向招标人提出,以便补齐。如有疑问,应在"投标人须知"前附表规定的时间前以书面形式(包括信函、电报、传真等可以有形地表现所载内容的形式,下同),要求招标人对招标文件予以澄清。

(2)招标文件的澄清将在"投标人须知"前附表规定的投标截止时间 15 日前以书面形式发给所有购买招标文件的投标人,但不指明澄清问题的来源。如果澄清发出的时间距投标截止时间不足 15 日,相应延长投标截止时间。

(3)投标人在收到澄清后,应在"投标人须知"前附表规定的时间内以书面形式通知招标人,确认已收到该澄清。

（三）招标文件的修改

(1)在投标截止时间 15 日前,招标人可以书面形式修改招标文件,并通知所有已购买招标文件的投标人。如果修改招标文件的时间距投标截止时间不足 15 日,应相应延长投标截止时间。

（2）投标人收到修改内容后，应在"投标人须知"前附表规定的时间内以书面形式通知招标人，确认已收到该修改。

三、投标文件

（一）投标文件的组成

投标文件由投标函、技术标、经济标三部分组成。

1.投标函

投标函部分包括以下内容。

1）适用于资格预审

（1）投标函及投标报价表。

　　①投标函；

　　②投标报价表；

　　③投标总价单（工程量清单投标总价封面）；

　　④投标函附录（附：价格指数权重表）。

（2）法定代表人身份证明或附有法定代表人身份证明的授权委托书。

（3）投标保证金（附收据复印件）。

（4）项目管理机构（现场技术力量配备）。

　　①项目负责人简历表；

　　②主要项目管理人员简历表。

（5）近年完成的类似工程业绩表。

（6）拟分包项目情况表。

（7）其他投标资料。

2）适用于资格后审

（1）投标函及投标报价表。

　　①投标函；

　　②投标报价表；

　　③投标总价单（工程量清单投标总价封面）；

　　④投标函附录（附：价格指数权重表）。

（2）法定代表人身份证明或附有法定代表人身份证明的授权委托书。

（3）投标保证金（附收据复印件）。

(4)项目管理机构(现场技术力量配备)。

　　①项目管理机构组成表;

　　②主要人员简历表;

　　③项目负责人简历表;

　　④主要项目管理人员简历表。

(5)拟分包项目情况表。

(6)资格审查资料

　　①投标人基本情况表;

　　②近年财务状况表;

　　③近年完成的类似项目情况表;

　　④正在施工的和新承建的项目情况表;

　　⑤近年发生的诉讼和仲裁情况;

　　⑥企业其他信誉情况。

(7)其他投标资料。

2.技术标

技术标部分主要包括下列内容。

(1)施工方案与技术措施;

(2)质量保证措施和创优计划;

(3)施工总进度计划及保证措施;

(4)施工安全措施计划;

(5)文明施工措施计划;

(6)施工场地治安保卫管理计划;

(7)施工环保措施计划;

(8)施工现场总平面布置(附图);

(9)项目组织管理机构;

(10)成品保护和工程保修工作的管理和承诺;

(11)任何可能的紧急情况的处理措施、预案以及抵抗风险的措施;

(12)对总包管理的认识以及对专业分包工程的配合、协调、管理、服务方案等。

　　技术标是投标人针对本工程情况,合理组织本工程应采取措施的体现,应本着有利于完成招标文件的工程内容,符合工期、质量等要求,体现实现技术目标的可行性和先进性。施工组织设计应是施工组织方案的总体构思的体现,应包含本工程的工程概况。对一单项工程施工网络图纸仅需提供施工进度网络图即可。

3.经济标

经济标部分主要包括下列内容。

(1)总说明。

(2)投标报价汇总表。

(3)单项工程投标报价汇总表。

(4)单位工程投标报价汇总表。

(5)分部分项工程和单价措施项目清单与计价表。包括:

①分部分项工程清单与计价表(土建工程);②分部分项工程清单与计价表(安装或装修工程);③单价措施项目清单与计价表(土建工程);④单价措施项目清单与计价表(安装或装修工程)。

(6)总价措施项目清单与计价表。包括:

①总价措施项目清单与计价表(土建工程);②总价措施项目清单与计价表(安装或装修工程)。

(7)其他项目清单与计价汇总表,如

①暂列金额明细表;②材料(工程设备)暂估单价表;③专业工程暂估价表;④计日工表;⑤总承包服务费计价表。

(8)规费、税金项目计价表,如

①规费、税金项目计价表(土建工程);②规费、税金项目计价表(安装或装修工程)。

(9)主要材料价格表。

(10)综合单价分析表,如

①综合单价分析表项目名目表;②综合单价分析表。

(11)投标报价需要的其他资料。

投标人须提交具有标价的投标总报价表和标有综合单价的分部分项工程量清单报价表,按照招标文件和提供的电子版本的格式和顺序填写,不得插入或删除,按"投标人须知"前附表要求格式刻录到光盘及U盘中,并按照"投标人须知"前附表的要求装入封袋内。无论是招标人发出的,还是投标人递交的,如果其电子版内容与书面文件内容不一致,以电子版内容为准。

（二）投标有效期

(1)在"投标人须知"前附表规定的投标有效期内,投标人不得要求撤销或修改其投标文件。

(2)出现特殊情况需要延长投标有效期的,招标人以书面形式通知所有投标人延长投标有效期。投标人同意延长的,应相应延长其投标保证金的有效期,但不得要求或允许其修改或撤销投标文件;投标人拒绝延长的,其投标失效,但投标人有权收回其投标保证金。

（三）投标保证金

(1)投标人在递交投标文件的同时,应按"投标人须知"前附表规定的金额提供保证金作为担保。

(2)投标人在规定的投标有效期内撤销或修改其投标文件,将产生没收投标保证金的后果;

(3)中标人在收到中标通知书后,无正当理由拒签合同协议书或向招标人提出附加条件或未按招标文件规定提交履约担保,则不予退还保证金。

（四）资格审查资料

投标人在编制投标文件时,应按新情况更新或补充其在申请资格预审时提供的资料,以证实其各项资格条件仍能继续满足资格预审文件的要求,具备承担本标段施工的资质条件、能力和信誉。

（五）备选投标方案

除"投标人须知"前附表另有规定外,投标人不得递交备选投标方案。允许投标人递交备选投标方案的,只有中标人所递交的备选投标方案可予以考虑。评标委员会认为中标人的备选投标方案优于其按照招标文件要求编制的投标方案的,招标人可以接受该备选投标方案。

（六）投标文件的编制

(1)投标文件应按"投标文件格式"进行编写,如有必要,可以增加附页,作为投标文件的组成部分。其中,投标函附录在满足招标文件实质性要求的基础上,可以提出比招标文件要求更有利于招标人的承诺。

(2)投标文件应当对招标文件有关工期、投标有效期、质量要求、技术标准和要求、招标范围等实质性内容作出响应。

（3）投标文件应用不褪色的材料书写或打印，并由投标人的法定代表人或其委托代理人签字或盖单位章。委托代理人签字的，投标文件应附法定代表人签署的授权委托书。投标文件中投标函应尽量避免涂改、行间插字或删除。如果出现上述情况，改动之处应加盖单位章或由投标人的法定代表人或其授权的代理人签字确认。投标函封面均应加盖投标人印章并经法定代表人或其委托代理人签字或盖章。由委托代理人签字或盖章的投标文件中须同时提交投标文件签署授权委托书。投标文件签署授权委托书格式、签字、盖章及内容均应符合法律规定的要求，否则投标文件签署授权委托书无效。签字或盖章的具体要求见"投标人须知"前附表。

（4）投标文件的"投标函"份数见"投标人须知"前附表。正本和副本的封面右上角应清楚地标记"正本"或"副本"的字样。当副本和正本不一致时，以正本为准。

（5）投标文件中的投标函、技术标、经济标分别装订成册。

①投标函正本与副本应分别装订成册并编制目录；

②技术标、经济标严禁涂改和行间插字现象；

③技术标部分采用 A4 复印纸装订，封面与目录之间不得有任何扉页，目录序号按招标文件"投标文件技术标格式"要求编制。技术标中不得出现扉页、彩页、页眉、页脚及页码。技术标内容字体要求：正文及目录应采用 Word 文档编写，字间距为"标准"，行间距为"单倍行距"，所有字体均采用四号宋体字。技术标中的施工进度计划表或施工网络图、施工现场平面布置图须采用 A3 复印纸，图中字体采用宋体字，字迹以清晰为准。采用 A3 复印纸制作的图纸须放在标书的最后位置。

（6）技术标编制时 Word 软件设置要求。

①页面设置—文档网络—无网格—默认—确定；

②段落—缩进和间距—行距（单倍行距）；

③段落—特殊格式（首行缩进）；

④段落—度量值（2 个字符）；

⑤段落—如果定义了文档网络，则自动调整右缩进；

⑥段落—如果定义了文档网络，则对齐网络。

(7)经济标部分采用 A4 复印纸装订,封面与目录之间不得有任何扉页,目录序号按招标文件"投标文件经济标格式"要求编制。经济标中不得出现扉页、彩页。经济标内容要求:正文及目录应采用 Excel 文档编写,字间距为"标准",所有字体均采用 9 号宋体字。严格按照投标文件格式要求的 Excel 电子版格式填写,不得改动电子版格式。

(8)本项目采用电子招投标系统招评标,要求投标人在开标现场提交投标文件,同时提供电子版投标文件。

（七）投标

1.投标文件的密封和标记

(1)投标人应将所有的投标文件的投标函、技术标、经济标分别密封在封袋中,在封套正面注明"投标函""技术标""经济标"的投标字样。封袋上加贴封条,并在封套的封口处加盖投标人单位章。

(2)投标文件的封套上应写明工程名称、单位名称、地址、邮政编码、联系人及联系电话。封套上应写明的其他内容见"投标人须知"前附表。投标文件外封套须加盖法人公章或投标专用章以及法定代表人或委托代理人印章,并应确保密封完好。

2.投标文件的递交

(1)投标人递交投标文件的地点:见"投标人须知"前附表。

(2)除"投标人须知"前附表另有规定外,投标人所递交的投标文件不予退还。

(3)招标人收到投标文件后,向投标人出具签收凭证。

(4)逾期送达的或者未送达指定地点的投标文件,招标人不予受理。

三、开标

（一）开标时间和地点

招标人在规定的投标截止时间(开标时间)和"投标人须知"前附表规定的地点公开开标,并邀请所有投标人的法定代表人或其委托代理人准时参加。

（二）开标程序

主持人按下列程序进行开标:

(1)宣布开标纪律;

（2）公布在投标截止时间前递交投标文件的投标人名称，并点名确认投标人是否派人到场；

（3）宣布开标人、唱标人、记录人、监标人等有关人员姓名；

（4）监督人查验投标人的相关证件；

（5）按照"投标人须知"前附表规定检查投标文件的密封情况；

（6）按照"投标人须知"前附表的规定确定并宣布投标文件开标顺序；

（7）设有标底的，公布标底；

（8）按照宣布的开标顺序当众开标，公布投标人名称、标段名称、投标保证金的递交情况、投标报价、质量目标、工期及其他内容，并记录在案；

（9）投标人代表、招标人代表、监标人、记录人等有关人员在开标记录上签字确认；

（10）开标结束。

（三）评标

1. 评标委员会

（1）评标由招标人依法组建的评标委员会负责。评标委员会由招标人或其委托的招标代理机构熟悉相关业务的代表，以及有关技术、经济等方面的专家组成。评标委员会成员人数以及技术、经济等方面专家的确定方式见"投标人须知"前附表。

（2）评标委员会成员有下列情形之一的，应当回避：

①招标人或投标人的主要负责人的近亲属；

②项目主管部门或者行政监督部门的人员；

③与投标人有经济利益关系，可能影响对投标公正评审的；

④曾因在招标、评标以及其他与招标投标有关活动中从事违法行为而受过行政处罚或刑事处罚的。

2. 评标原则

评标活动遵循公平、公正、科学和择优的原则。

3. 评标

评标委员会按照"评标办法"规定的方法、评审因素、标准和程序对投标文件进行评审。"评标办法"没有规定的方法、评审因素和标准，不作为评标依据。

（四）合同授予

1．定标方式

（1）除"投标人须知"前附表规定评标委员会直接确定中标人外，招标人依据评标委员会推荐的中标候选人确定中标人，评标委员会推荐中标候选人的人数见"投标人须知"前附表。

（2）招标人根据评标委员会的评标报告，以排名第一的中标候选人为中标人。排名第一的中标候选人放弃中标或因不可抗力提出不能履行合同，或者招标文件规定应当提交履约保证金而在规定的期限内未能提交的，招标人可以确定排名第二的中标候选人为中标人。排名第二的中标候选人因前款规定的同样原因不能签订合同的，招标人可以确定排名第三的中标候选人为中标人。

2．履约担保

（1）在签订合同后五日，中标人应按"投标人须知"前附表规定的金额、担保形式和招标文件"合同条款及格式"规定的履约担保格式向招标人提交履约担保。联合体中标的，其履约担保由牵头人递交，并应符合"投标人须知"前附表规定的金额、担保形式和招标文件"合同条款及格式"规定的履约担保格式要求。

（2）中标人不能按要求提交履约担保的，视为放弃中标，其投标保证金不予退还，给招标人造成的损失超过投标保证金数额的，中标人还应当对超过部分予以赔偿。

3．签订合同

（1）招标人和中标人应当自中标通知书发出之日起 30 天内，根据招标文件和中标人的投标文件订立书面合同。中标人无正当理由拒签合同的，招标人取消其中标资格，其投标保证金不予退还；给招标人造成的损失超过投标保证金数额的，中标人还应当对超过部分予以赔偿。

（2）发出中标通知书后，招标人无正当理由拒签合同的，招标人向中标人退还投标保证金；给中标人造成损失的，还应当赔偿损失。

（五）重新招标

有下列情形之一的，招标人将重新招标：

（1）到投标截止时间，投标人少于 3 个的；

（2）经评标委员会评审后否决所有投标的。

（六）纪律和监督

1.对招标人的纪律要求

招标人不能泄漏招标投标活动中应当保密的情况和资料,不得与投标人串通损害国家利益、社会公共利益或者他人合法权益。

2.对投标人的纪律要求

投标人不得相互串通投标或者与招标人串通投标,不得向招标人或者评标委员会成员行贿谋取中标,不得以他人名义投标或者以其他方式弄虚作假骗取中标;投标人不得以任何方式干扰、影响评标工作。

3.对评标委员会成员的纪律要求

评标委员会成员不得收受他人的财物或者其他好处,不得向他人透漏对投标文件的评审和比较、中标候选人的推荐情况以及与评标有关的其他情况。在评标活动中,评标委员会成员不得擅离职守,影响评标程序正常进行,不得使用"评标办法"没有规定的评审因素和标准进行评标。

4.对与评标活动有关的工作人员的纪律要求

与评标活动有关的工作人员不得收受他人的财物或者其他好处,不得向他人透漏对投标文件的评审和比较、中标候选人的推荐情况以及与评标有关的其他情况。在评标活动中,与评标活动有关的工作人员不得擅离职守,影响评标程序正常进行。

5.投诉

投标人和其他利害关系人认为本次招标活动违反法律、法规和规章规定的,有权向有关行政监督部门投诉。

（六）补充条款

(1)承包方在投标书中确定的工程项目负责人及项目管理班子人员,应如实到位,项目负责人每月出勤不少于 22 日,否则每缺勤一天按 1 500 元处罚;其他管理人员每月出勤不少于 22 日,否则每缺勤一天按 500 元处罚。情节严重的,发包人有权要求更换项目班子成员,承包方应无偿响应,且拟调入的项目负责人资质不能低于原项目负责人。若承包人需调换项目班子成员,应经发包人同意并且拟调入的项目班子成员与原项目班子成员共同工作一个月,并支付给发包人项目负责人调换补偿金 5 万元,其他班子成员调换补偿金 1 万元;若擅自更换项目负责人处以 20 万～50 万元罚款,擅自更换其他项目班子成员处以 5 万~10 万元罚款。罚款在工程进度款中扣除。

(2)预付安全防护、文明施工措施项目费用按投标报价表中该费用总额的 50%支付,其余费用按施工进度支付。为确保安全防护、文明施工措施费专款专用,由监理人对承包人安全防护、文明施工措施情况进行现场监理。监理人发现承包人未落实施工组织设计及专项施工方案中安全防护和文明施工措施的,有权责令其立即整改。对承包人拒不整改或未按期限要求完成整改的,监理人应当及时向发包人和建设行政主管部门报告,必要时责令其暂停施工,限期整改,造成损失由承包人承担赔偿。

(3)图纸会审和设计交底时间:发包人在开工前三天组织承包人、监理单位和设计单位进行图纸会审和设计交底。

(4)承包人按政府建设主管部门规定办理各项进场手续,并密切配合协助发包人进行各项证件、批件的办理工作。

(5)每周召开工程施工进度情况汇报例会,例会前提交当周施工情况书面汇报,包括但不仅限于:当周完成工程量、下周进度计划、当周安全质量情况以及需要协调解决的事项等。

(6)当实际施工进度拖延于已批准的进度计划时,不论何种原因承包人应按发包人批复意见的要求在 3 天内提交一式三份修订后的进度计划重新报送发包人审批。

(7)承包人应对其管辖范围内的人员和设备(包括发包人的人员和设备)以及工程的安全负责,应负责做好其所辖人员的工作场所和居住区的日常治安管理和安全保护工作。承包人必须注意保护工地邻近建筑物和附近居民的安全,防止因施工措施不当使附近居民的人员财产遭受损失。承包人必须对施工现场的用电安全负责。在施工现场做好警戒告示牌和围栏等设施,做好警示安全工作。

(8)需承包人办理的有关施工场地交通、环卫和施工噪声管理等手续:遵守政府有关部门对施工场地交通、施工噪声以及环境保护和安全生产等的管理规定,按规定办理相关手续,并以书面形式通知发包人,按规定承担相应费用。如因承包人原因不符合政府各职能部门要求而引起行政处罚的,责任由承包人承担。

(9)未交付的已完工的工程成品保护由承包人负责按该项目成品保护要求

进行保护,在保护期间发生损失、损坏或污染,自费予以修复或更换,采取成品保护的措施费用由承包人承担。

(10)承包人应做好施工场地周围地下管线和邻近建筑物、构筑物(含文物保护建筑)、古树名木的保护工作,因承包人施工造成的损坏,由承包人负责修复及赔偿。

(11)施工现场清洁卫生工作应按自治区及乌鲁木齐市的有关规定和要求实施。工程交接完成后,3天内应清除掉现场内所有不再需要的临时工程、设施、承包人的设备和多余材料、生活垃圾和废物,达到发包方满意的状态。如承包人交工3天后仍不清除、修复,发包人可自行完成,发生的费用由承包人承担。

(12)承包人须自行解决由于施工原因造成的邻里纠纷,并承担相关费用。

四、工程量清单说明部分

(一)工程量清单说明

(1)本工程量清单是根据招标文件中包括的、有合同约束力的图纸以及有关工程量清单的国家标准、行业标准、合同条款中约定的工程量计算规则编制。约定计量规则中没有的子目,其工程量按照有合同约束力的图纸所标示尺寸的理论净量计算。计量采用中华人民共和国法定计量单位。

(2)本工程量清单应与招标文件中的投标人须知、通用合同条款、专用合同条款、技术标准和要求及图纸等一起阅读和理解。

(3)本工程量清单仅是投标报价的共同基础,实际工程计量和工程价款的支付应遵循合同条款的约定和"技术标准和要求"的有关规定。

(二)投标报价说明

(1)投标报价应根据招标文件中的有关计价要求,并按照下列依据自主报价。

①本招标文件;
②《建设工程工程量清单计价规范》GB50500-2013;
③国家或省级、行业建设主管部门颁发的计价办法;
④企业定额,国家或省级、行业建设主管部门颁发的计价定额;
⑤招标文件(包括工程量清单)的澄清、补充和修改文件;

⑥建设工程设计文件及相关资料；

⑦施工现场情况、工程特点及拟定的投标施工组织设计或施工方案；

⑧与建设项目相关的标准、规定等技术资料；

⑨市场价格信息或工程造价管理机构发布的工程造价信息；

⑩其他的相关资料。

(2)工程量清单中的每一子目须填入单价或价格，且只允许有一个报价。工程量清单中投标人没有填入单价或价格的子目，其费用视为已分摊在工程量清单中其他相关子目的单价或价格之中。

(3)工程量清单中标价的单价或金额，应包括所需人工费、材料费、施工机械使用费和管理费及利润，以及一定范围内的风险费用。所谓"一定范围内的风险"是指合同约定的风险。

(4)投标总报价为投标人完成招标范围所述的全部工程内容的体现和完成该工程项目的成本、管理费、技术措施费、利润、风险费及政策性文件规定的不可竞争费用、规费和税金等所有费用，以及所有根据合同或其他原因由投标人支付的税金和其他应缴纳的费用。

(5)"投标报价汇总表"中的投标总价由分部分项工程费、措施项目费、其他项目费、规费和税金组成，并且"投标报价汇总表"中的投标总价应当与构成已标价工程量清单的分部分项工程费、措施项目费、其他项目费、规费、税金的合计金额一致。投标人应依据《建设工程工程量清单计价规范》(GB50500 - 2013)、企业定额及当地市场因素及工程特点等报出综合单价。

除非招标人对招标文件予以修改，投标人必须按照招标人提供的分部分项工程量清单，列出分部分项工程量的综合单价和合价。

投标人在进行工程量清单单价合同方式招标的投标报价时，不能进行投标总价优惠(或降价、让利)，投标人对投标报价的任何优惠(或降价、让利)均应反映在相应清单项目的综合单价中。不得出现任意一项单价重大让利低于成本报价。投标人不得以自有机械闲置、自有材料等不计成本为由进行投标报价。

每一分项只允许有一个报价，任何有选择的报价将不予接受。投标人未填列综合单价或合价的分项工程，在实施后，招标人将不予以支付，并视为该项费用已包括在其他有价款的综合单价或合价内。由于承包人自行计算错误或漏报的，将不再给予调整。

在招标过程中经投标人提出质询,招标人以答疑的形式确认,结算工程量以完成的实体量为准。中标人由于自身原因造成工程量的增加不以任何形式调增。分部分项工程量调整按照以下方法调整:

已标价工程量清单中有适用于变更工作的子目的,采用该子目的单价。

已标价工程量清单中无适用于变更工作的子目,但有类似子目的,可在合理范围内参照类似子目的单价,由监理人商定或确定变更工作的单价。

已标价工程量清单中无适用或类似子目的单价,可按照成本加利润的原则,由监理人按通用条款商定或确定变更工作的单价。

(6)分部分项工程项目按下列要求报价。

①分部分项工程量清单计价应依据计价规范中关于综合单价的组成内容确定报价。

②如果分部分项工程量清单中涉及"材料和工程设备暂估单价表"中列出的材料和工程设备,则应将该类材料和工程设备的暂估单价本身以及除对应的规费及税金以外的费用计入分部分项工程量清单相应子目的综合单价。

③如果分部分项工程量清单中涉及"发包人提供的材料和工程设备一览表"中列出的材料和工程设备,则该类材料和工程设备供应至现场指定位置的采购供应价本身不计入投标报价,但应将该类材料和工程设备的安装、安装所需要的辅助材料、安装损耗以及其他必要的辅助工作及其对应的管理费及利润计入分部分项工程量清单相应子目的综合单价,并其他项目清单报价中计取与合同约定服务内容相对应的总承包服务费。

④"分部分项工程量清单与计价表"所列各子目的综合单价组成中,各子目的人工、材料和机械台班消耗量由投标人按照其自身情况做充分的、竞争性考虑。材料消耗量包括损耗量。

⑤投标人在投标文件中提交并构成合同文件的"主要材料和工程设备选用表"中所列的材料和工程设备的价格是指此类材料和工程设备到达施工现场指定堆放地点的落地价格,即包括采购、包装、运输、装卸、堆放等到达施工现场指定落地或堆放地点之前的全部费用,但不包括落地之后发生的仓储、保管、库损以及从堆放地点运至安装地点的二次搬运费用。"主要材料和工程设备选用表"中所列材料和工程设备的价格应与构成综合单价相应材料或工程设备的价格一致。落地之后发生的仓储、保管、库损以及从堆放地点运至安装地点的二

次搬运等其他费用均应在投标报价中考虑。

(7)措施项目按下列要求报价。

①措施项目清单计价应根据投标人的施工组织设计进行报价。可以计量工程量的措施项目,应按分部分项工程量清单的方式采用综合单价计价;其余的措施项目可以"项"为单位的方式计价。投标人所填报价格应包括除规费、税金外的全部费用。

②措施项目清单中的安全文明施工费应按照新建造〔2010〕5 号文的规定计算,不得作为竞争性费用。

③招标人提供的措施项目清单中所列项目仅指一般的通用项目,投标人在报价时应充分、全面地阅读和理解招标文件的相关内容和约定,包括"技术标准和要求"的相关约定,详细了解工程场地及其周围环境,充分考虑招标工程特点及拟定的施工方案和施工组织设计,对招标人给出的措施项目清单的内容进行细化或增减。

④"措施项目清单与计价表"中所填写的报价金额,应全面涵盖招标文件约定的投标人中标后施工、竣工、交付本工程并维修其任何缺陷所需要履行的责任和义务的全部费用。

(8)其他项目清单费应按下列规定报价。

①暂列金额按"暂列金额明细表"中列出的金额报价,此处的暂列金额是招标人在招标文件中统一给定的。

②暂估价分为材料和工程设备暂估单价、专业工程暂估价两类。其中的材料和工程设备暂估单价进入分部分项工程量清单之综合单价,不在其他项目清单中汇总;专业工程暂估价直接按"专业工程暂估价表"中列出的金额计入其他项目清单报价。

③计日工按"计日工表"中列出的子目和估算数量,自主确定综合单价并计算计日工金额。计日工综合单价均不包括规费和税金,其中,劳务单价应当包括工人工资,交通费用,各种补贴,劳动安全保护、社保费用,手提手动和电动工器具、施工场地内已经搭设的脚手架、水电和低值易耗品费用,现场管理费用,企业管理费和利润;材料价格包括材料运到现场的价格以及现场搬运、仓储、二次搬运、损耗、保险、企业管理费和利润,但不包括规费和税金。

施工机械限于在施工场地(现场)的机械设备,其价格包括租赁或折旧、维修、维护和燃油等消耗品以及操作人员费用,包括承包人企业管理费和利润,但不包括规费和税金。辅助人员按劳务价格另计。

④总承包服务费各投标人根据招标文件中列出的内容和要求,按本招标文件的"总承包服务费计价表"中自报费率并计算金额。

(9)规费和税金应按"规费、税金项目清单与计价表"所列项目,按新建造〔2010〕5号文及新建造〔2011〕3号文的规定计算,不得作为竞争性费用。

(10)除招标文件有强制性规定以及不可竞争部分以外,投标报价由投标人自主确定,但不得低于其成本。

(11)工程量清单计价所涉及的生产资源(包括各类人工、材料、工程设备、施工设备、临时设施、临时用水、临时用电等)的投标价格,应根据自身的信息渠道和采购渠道,分析其市场价格水平并判断其整个施工周期内的变化趋势,体现投标人自身的管理水平、技术水平和综合实力。

(12)管理费应由投标人在保证不低于其成本的基础上做竞争性考虑;利润由投标人根据自身情况和综合实力做竞争性考虑。

(13)投标报价中应考虑招标文件中要求投标人承担的风险范围以及相关的费用。

(14)投标总价为投标人在投标文件中提出的各项支付金额的总和,为实施、完成招标工程并修补缺陷以及履行招标文件中约定的风险范围内的所有责任和义务所发生的全部费用。

五、评标办法(综合评估法)

(一)评标方法

(1)本次评标采用综合评估法(工程量清单报价法)。根据《中华人民共和国招标投标法》《房屋建筑和市政基础设施工程施工招标投标管理办法》《评标委员会和评标方法暂行规定》《新疆维吾尔自治区建筑工程施工评标规则》(新建建〔2010〕7号)和《〈新疆维吾尔自治区建筑工程施工评标规则〉补充规定的通知》(新建招〔2011〕5号)中所规定的标准、法律法规和有关实施办法,评标委员会将对投标文件提出的工程质量、施工工期、施工组织设计、投标价格等,能否最大限度地满足招标文件中规定的各项要求和评价标准进行评审和比较。

(2)评标办法如下:项目分值、评分内容及评分方法(工程量清单计价方式);初步评审一项未通过者不参加下阶段评审;重大偏差审查一项未通过者不参加下阶段评审。

注:①评委对各投标人同一评分内容量化打分时,如最高得分与最低得分相差 25%(含 25%)以上,应做出合理的解释说明,否则不予计分;②技术标评标时凡被评标委员会明确为明示和暗示的,应在技术标总得分(乘以权重后)中扣除(明示扣 5 分,暗示扣 3 分)。

另注:经济标明示、暗示扣分办法,经济标评标时凡被评标委员会明确为明示和暗示的,应在经济标总得分(乘以权重后)中扣除(明示扣 8 分,暗示扣 5 分)。

技术标、经济标、权重取值范围:$K_1 = 30\%$,$K_2 = 70\%$,$K_1 + K_2 = 1$(调整权重应经建设行政主管部门核准)。

(二)评标程序

评标活动将按以下七个步骤进行:

(1)评标前会议;

(2)初步评审;

(3)清标;

(4)重大偏差评审;

(5)澄清说明或补证;

(6)详细评审;

(7)推荐中标候选人或者直接确定中标人及提交评标报告。

(三)评标前会议

评标委员会成员由专家名册中随机抽取的专家组成。评标委员会首先推选一名评标委员会主任,原则上评标委员会主任从专家名册中抽取的专家中产生,评标委员会主任负责评标活动的组织领导工作。

(1)招标人或招标代理机构应向评标委员会提供评标所需的信息和数据,包括招标文件、未在开标会上当场拒绝的各投标文件、开标会记录、资格预审文件及各投标人在资格预审阶段递交的资格预审申请文件(适用于已进行资格预审的)、招标控制价(如果有)、工程所在地工程造价管理部门颁布的工程造价信息、定额(如作为计价依据时),有关的法律、法规、规章、国家标准以及招标人或评标委员会认为必要的其他信息和数据。

（2）评标委员会主任应组织评标委员会成员认真研究招标文件,了解和熟悉招标目的、招标范围、主要合同条件、技术标准和要求、质量标准和工期要求等,掌握评标标准和方法,熟悉相关评标表格的使用,如果提供的表格不能满足评标所需时,评标委员会应予以补充,尤其是用于详细分析计算的表格。未在招标文件中规定的标准和方法不得作为评标的依据。

（四）评审标准

1. 初步评审标准

（1）形式评审因素:

①投标保证金的缴纳主体与投标人不一致的,没有按照招标文件要求提供投标担保,或者所提供的投标担保有瑕疵的;

②投标人的项目负责人不是投标人的注册人员,或者不具备项目负责人资格条件的;

③投标文件没有投标单位法定代表人或其授权代表签字（章）和加盖投标单位公章的;

④投标的施工、装修、附属材料设备采购、工程监理完成期限超过招标文件规定期限的;

⑤投标文件载明的技术规格、技术标准、货物包装方式、检验标准和方法等,不符合招标文件要求的;

⑥没有按招标文件要求提供电子版投标文件的;

⑦投标文件附有招标人不能接受条件的;

⑧不满足招标文件实质性要求的其他情形。

（2）资格评审因素（本条适用于资格后审）:

①营业执照;

②安全生产许可证;

③资质等级;

④财务状况;

⑤类似项目业绩;

⑥信誉;

⑦项目负责人;

⑧其他要求。

2.清标

清标应由建设工程交易中心工作人员应用询评标系统软件实施,清标数据结果交由评标委员会成员签字确认。

(1)结构性检查。检查投标文件(电子档)在格式上的响应性(详见询评标提示框)。

(2)规费税金检查。是否按国家或自治区的规定(新建标〔2016〕2号)计取费用。

(3)安全文明施工费检查。是否按国家或自治区的规定(新建标〔2016〕2号)计取费用。

(4)清单符合性检查。按照 GB50500－2013规范要求"五统一"的内容进行检查。

(5)主材符合性检查。检查投标文件(电子档)对招标文件要求在主要材料内容上的响应性。

3.问题澄清

评标委员会按照清标整理形成成果决定是否要投标人进行书面澄清、说明或补证,若需要形成质疑问卷,则向投标人发出问题澄清通知(包括质疑问卷)。投标人针对评委会提出的问题在规定的时间内做澄清说明补证。

4.重大偏差审查

重大偏差的审查应由评标委员会主任带领全体评委共同完成。审查内容包括:

(1)由政府立项核准、审批的建筑工程,投标报价高于设定的工程预算招标控制价的;

(2)投标人对同一招标项目作出两个以上报价未明确效力的;

(3)未按招标文件规定的格式填写,内容不全或关键字迹模糊、无法辨认的(包括分部分项工程量清单中暂估价、暂列金额的改动);

(4)改变招标文件提供的工程量清单的;

(5)将工程排污费、社会保障费、住房公积金、危险作业意外伤害保险等规费和营业税、城市维护建设税、教育费附加等税金,以及安全文明施工费列入招标投标竞争性费用的;

(6)投标人名称、组织机构与资格预审时不符,涉嫌以他人名义投标的;

（7）投标人之间或者投标人与招标人串通投标的；

（8）以行贿手段谋取中标或者以其他弄虚作假方式投标的。

5.详细评审标准

（1）技术标评审。技术组评委按照招标文件要求，对投标文件进行暗评，评标报告由评委会技术组组长拟稿，全体评标成员签字确认，对出现明示暗示涉嫌串标围标的情形给予定论。

（2）经济标评审。经济组评委按照招标文件要求对投标文件进行暗评，其中分部分项工程量清单报价组成分析、主要材料厂家品牌响应性、措施性费用中措施项目清单报价比例部分的评审应由评标委员会经济组长带领全体评委共同完成。评标报告由评委会经济组组长拟稿全体成员签字确认，对出现明示暗示涉嫌串标围标的情形给以定论。

6.评标结果

（1）除"投标人须知"前附表授权直接确定中标人外，评标委员会通过评标办法以得分由高到低确定出前三名作为中标候选人推荐给招标人。

依法必须招标的项目，招标人应根据评标委员会的评标报告，确定排名第一的中标候选人为中标人。排名第一的中标候选人放弃中标、因不可抗力不能履行合同、不按照招标文件要求提交履约保证金，或者被查实存在影响中标结果的违法行为等情形，不符合中标条件的，招标人可以确定排名第二的中标候选人为中标人。排名第二的中标候选人因前款规定的同样原因不能签订合同的，招标人可以确定排名第三的中标候选人为中标人。

（2）评标委员会完成评标后，应当向招标人提交书面评标报告。

（五）否决投标的情形

投标人或其投标文件有下列情形之一的，评标委员会应当否决其投标：

（1）串通投标或弄虚作假或有其他违法行为的；

（2）不按评标委员会要求澄清、说明或补正的；

（3）在初步评审、资格评审（适用于资格后审）、重大偏差评审中，评标委员会认定投标人的投标不符合评标办法规定的任何一项评审标准的；

（4）投标报价文件未经有资格的工程造价专业人员加盖执业专用章的；

（5）评标委员会认定投标人以低于成本报价竞标的；

（6）投标人未按"投标人须知"规定出席开标会的；

(7)投标报价有算术错误,评标委员会按相关原则对投标报价进行修正,投标人不接受修正价格的;

(8)招标文件约定的其他否决投标条件。

(六) 串通投标及弄虚作假投标

(1)有下列情形之一的,属于投标人相互串通投标:

①投标人之间协商投标报价等投标文件的实质性内容;

②投标人之间约定中标人;

③投标人之间约定部分投标人放弃投标或者中标;

④属于同一集团、协会、商会等组织成员的投标人按照该组织要求协同投标;

⑤投标人之间为谋取中标或者排斥特定投标人而采取的其他联合行动。

(2)有下列情形之一的,视为投标人相互串通投标:

①不同投标人的投标文件由同一单位或个人编制;

②不同投标人委托同一单位或者个人办理投标事宜;

③不同投标人的投标文件载明的项目管理成员为同一人;

④不同投标人的投标文件异常一致或者投标报价呈规律性差异;

⑤不同投标人的投标文件相互混装;

⑥不同投标人的投标保证金从同一单位或者个人的账户转出。

(3)有下列情形之一的,属于招标人与投标人串通投标:

①招标人在开标前开启投标文件并将有关信息泄露给其他投标人;

②招标人直接或者间接向投标人泄露标底、评标委员会成员等信息;

③招标人明示或者暗示投标人压低或者抬高投标报价;

④招标人授意投标人撤换、修改投标文件;

⑤招标人明示或者暗示投标人为特定投标人中标提供方便;

⑥招标人与投标人为谋求特定投标人中标而采取的其他串通行为。

(4)有下列情形之一的,属于以其他方式弄虚作假的行为:

①使用伪造、变造的许可证件;

②提供虚假的财务状况或者业绩;

③提供虚假的项目负责人或者其他主要技术人员简历、劳动关系证明;

④提供虚假的信用状况;

⑤其他弄虚作假的行为。

（七）招标控制价

招标人将委托造价咨询机构依据《新疆维吾尔自治区建设工程招标控制价编制指导意见》(新建总造字〔2010〕7 号)、招标文件及招标文件补充等资料编制招标控制价。招标控制价在开标截止日期 7 日前公布。投标人接到招标控制价通知后,应认真研究,并将其是否接受招标控制价的意见以回函形式递交于招标人,回函必须在收到招标控制价 72 小时之内递交于招标人。如果投标人认为招标控制价不能接受的,招标人应及时组织造价机构复核招标控制价,并重新调整和确认招标控制价。重新调整和确认的招标控制价在投标截止日期 48 小时前也将以招标文件补充形式通知所有投标人。如果投标人认为响应该招标文件补充时间不充分,应通知招标人,招标人应延长投标截止日期。否则,由此造成的后果投标人自负。投标人的投标报价如超出本工程规定招标控制价,按重大偏差处理。

六、技术服务及联络

(1)卖方须派有丰富经验的技术人员到现场进行技术服务,按技术文件和图纸进行分部调试、启动调试和试运行,并负责解决合同设备在调试、试运行中发现的制造质量及性能等有关问题。同时,对买方技术人员提供全面培训。

当买方要求卖方进行现场服务时,卖方应在接到买方通知的 24 小时内给予答复,并在 48 小时内到达现场。买方有权提出更换不能胜任工作的卖方现场服务人员,卖方在不影响工程进度的条件下,应重新选派买方认可的服务人员。

(2)在合同生效后 7 日内,双方确定技术联络会的次数、时间和地点。

(3)卖方必须将本合同供货范围中需要向外分包的主要供货商的名单提交买方予以确认,卖方应将从该确认名单中选定的最后供货商信息告知买方。卖方对其分包商的一切有关供货范围,设备及技术接口等问题负责。

七、图纸和技术资料的交付

(1)卖方应按投标文件中填报的"技术资料计划表"向买方交付全套技术资料。

(2)每批技术文件交邮后,卖方在 24 小时内将技术文件的交邮日期、邮单号、技术文件的详细清单件数及重量、合同号等以传真或其他形式书面通知买方。

八、监督与检验

(1)在发货前,卖方应对货物的质量、规格、性能、数量等进行全面的检验,并出具一份证明货物符合合同规定的证书。卖方检验的结果应在质量证书中加以说明,并提供规定检验的证书。在检验过程中应严格按有关国家或行业标准进行。属进口产品的,提供制造商的出厂检验记录及商检证明。

(2)在生产制造过程中,买方有权派员进行监造,但即使买方代表参加了监造与检验,并且签署了监造检验报告,也不能免除卖方对设备质量应负的责任。

(3)货物到达目的地后,卖方接到买方通知应及时到现场与买方一起根据运单、装箱单、合同,组织对货物的包装、外观及件数进行检验。如发现有任何不符合之处并由双方代表确认属卖方责任后,由卖方处理解决。如检验时,卖方人员未按时赶赴现场,买方有权自行开箱检验,检验结果和记录对双方同样有效,并作为买方向卖方提出索赔的有效证据。

(4)现场检验时,如发现设备由于卖方原因有任何损坏、缺陷、短少或不符合合同中规定的质量标准和规范时,应做好记录,并由双方代表签字,各执一份,作为买方向卖方提出修理或更换或索赔的依据。

如果非卖方原因或由于买方原因,在开箱检验时,发现损坏或短缺,卖方在接到买方通知后,应尽快提供修理或更换相应的部件,但费用由买方自负。如果由于卖方运输原因造成损坏或短缺,卖方在接到买方通知后,应尽快提供或替换相应的部件,但费用由卖方自负。

(5)如双方代表在会同检验中对检验记录不能取得一致意见时,任何一方均可提请商检部门或技术监督部门进行检验,检验后出具的检验证书是具有法律效力的最终检验结果,对双方都有约束力,检验费用由责任方负责。

(6)由于卖方原因修理或换货延后交付的时间,或现场修理的完工期,最终为该设备的实际交货期,作为计算迟交违约金的依据。

九、调试(试运)和验收

(1)本合同设备由买方根据卖方提供的技术文件、检验标准、图纸及说明书进行调试。卖方应充分合作,采取一切必要措施,使合同设备尽快投产。

(2)合同设备调试完毕后,卖方派人负责检验。

十、保证与索赔

(1)质量保证期是从设备调试完毕运行合格,大楼整体竣工验收之日起算。

在此质保期内,供方应对由于设计、工艺或材料的缺陷而发生的任何不足或故障负责,费用由供方负担。

(2)卖方保证其供应的本合同设备是全新的,技术水平是先进、成熟的,质量优良的,设备的选型符合安全可靠、经济运行和易于维护的要求。

(3)在质保期内,如发现卖方提供的设备有缺陷,不符合本合同规定,如属卖方责任,则买方有权向卖方提出索赔。卖方在接到买方索赔文件后,应立即无偿修理、换货、赔款或委托买方安排大型修理。由此产生的安装现场的换货费用、运费及保险费由卖方负担。

(4)如由于卖方责任需要更换、修理有缺陷的设备,而使合同设备停运或推迟安装时,则质保期按实际修理或换货所延误的时间做相应的延长,且新更换或修理的设备,其质保期应重新计算。

(5)在质保期结束前,卖方应对提供的设备进行维修和养护,同时对于需添加润滑剂、冷冻剂等其他添加溶剂的设备进行添加或更换。否则买方有权自行维修和更换,同时从质保金中扣除此项费用。

十一、合同的变更、修改、中止和终止

(1)合同一经生效,合同双方均不得擅自对合同的内容(包括附件)做任何单方修改。但任何一方均可以对合同内容以书面形式提出变更、修改、取消或补充的建议。该项建议由一方按顺序编号的修改通知书向对方签发,修改通知书副本经对方签署人会签后返还给修改通知书一方。如果双方共同认为该项修改会对合同价格和交货进度有重大影响时,卖方应在收到上述修改通知书后的 14 个工作日内,提出影响合同价格或交货期的详细说明。双方同意后经双

方法人代表或授权代表签字并经主管部门审核盖章后生效。将修改后的有关部分抄送原合同有关单位。

(2)如果卖方有违反或拒绝执行本合同规定的行为,买方将书面通知卖方,卖方在接到通知书后 5 个工作日内确认无误后应对违反或拒绝作出修正,如果认为在 5 个工作日内来不及纠正,应提出修正计划。如果得不到纠正或提不出修正计划,买方将保留暂停履行本合同的一部分或全部的权利。对于这种暂停,买方将不出具变更通知书,由此而发生的一切费用、损失和索赔将由卖方负担。

(3)买方行使暂停权利后,有权停付到期应向卖方支付的暂停部分的款项,并有权将预付给卖方的暂停部分款项索回。

(4)在合同执行过程中,若因国家计划调整而引起合同无法正常执行时,卖方或买方可以向对方提出暂停执行合同或修改合同有关条款的建议,与之有关的事宜双方协商办理。

(5)在合同执行过程中,若卖方产品质量低劣或合同履行困难,买方有权终止合同并另择供货人。

十二、延期交货与核定损失额

如果卖方未能按合同规定的时间按期交货,在卖方同意支付核定损失额的条件下,买方将同意延长交货期。核定损失额的支付将从质量保证金中扣除。但是核定损失额不得超过迟交货物部分合同金额的 5%。核定损失额比率为每迟交 7 天,按迟交货物金额的 0.5%计,不满 7 天按 7 天计。如果卖方在买方同意延长的时间内仍不能交货,买方有权因卖方违约撤销合同,而卖方仍有义务支付上述迟交核定损失额。

十三、不可抗力

(1)不可抗力是合同签字生效后发生的非有关方所能控制的,并非合同方过失导致的,无法中止、不能预防的社会和自然事件,包括但不限于:严重的自然灾害(如台风、洪水、地震、火灾、爆炸等),战争(不论是否宣战)、叛乱、破坏、动乱、社会敌视行为、正式罢工等。合同双方的任何一方,由于不可抗力而影响合同义务执行时,则延迟合同义务的期限相当于不可抗力事件的时间,但是不能因为不可抗力的延迟而调整价格。

（2）受到不可抗力影响的一方应在不可抗力事件发生后,尽快将所发生的不可抗力事件的情况以传真或电报形式通知另一方审阅确认,受影响的一方同时应尽量缩小这种影响和由此而引起的延误,一旦不可抗力的影响消除后,应将此情况立即通知对方。

（3）双方对不可抗力事件的影响估计延续到 120 日以上时,应通过友好协商解决本合同的执行问题(包括交货、试运行和验收等)。

（4）如果不可抗力严重影响了交货期,买方有权终止合同,遗留问题由双方通过友好协商妥善解决。

十四、合同争议的解决

（1）本合同适用法律为中华人民共和国法律。

（2）凡与本合同有关而引起的一切争议,双方应通过友好协商解决,如经协商仍不能达成协议,任何一方均有权将争议提交人民法院审理。

（3）法院判决对双方都有约束力。

（4）上述过程发生的费用除另有规定外,应由败诉方承担。

（5）在法院判决期间,除提交法院判决的事项外,合同仍应继续履行。

十五、税费

（1）根据国家有关税务的法律、法规和规定,卖方应该交纳的与合同有关的税费,由卖方承担。

（2）本合同价格为含税价。卖方提供的设备、技术资料、服务(也包括运输)、进口设备/部件等所有税费已全部包含在合同价格内,由卖方承担。

十六、安全文明施工

（一）安全防护

（1）在工程施工、竣工、交付及修补任何缺陷的过程中,承包人应当始终遵守国家和地方有关安全生产的法律、法规、规范、标准和规程等。

（2）承包人应坚持"安全第一,预防为主"的方针,建立、健全安全生产责任制度和安全生产教育培训制度。在整个工程施工期间,承包人应在施工场地

(现场)设立、提供和维护并在有关工作完成或竣工后撤除：

①设立在现场入口显著位置的现场施工总平面图,总平面管理、安全生产、文明施工、环境保护、质量控制、材料管理等的规章制度,主要参建单位名称和工程概况等说明的图板；

②为确保工程安全施工设立的标志,宣传画,标语,指示牌,警告牌,火警、匪警和急救电话提示牌等；

③洞口和临边位置的安全防护设施,包括护身栏杆、脚手架、洞口盖板和加筋、竖井防护栏杆、防护棚、防护网、坡道等；

④安全带、安全绳、安全帽、安全网、绝缘鞋、绝缘手套、防护口罩和防护衣等安全生产用品；

⑤所有机械设备,包括各类电动工具的安全保护、接地装置和操作说明；

⑥配备装备良好的临时急救站和称职的医护人员；

⑦主要作业场所和临时安全疏散通道 24 小时 36V 安全照明和必要的警示等,以防止各种可能的事故；

⑧足够数量、合格的手提灭火器；

⑨装备良好的易燃易爆物品仓库和相应的使用管理制度；

⑩对涉及明火施工的工作制定诸如用火证等的管理制度。

(3)安全文明施工费用必须专款专用,承包人应对其由于安全文明施工费用和施工安全措施不到位而发生的安全事故承担全部责任。

(4)承包人应建立专门的施工场地(现场)安全生产管理机构,配备足够数量、符合有关规定的专职安全生产管理人员,负责日常安全生产巡查和专项检查,召集和主持现场全体人员参加的安全生产例会(每周至少一次),负责安全技术交底和技术方案的安全把关,负责制订或审核安全隐患的整改措施并监督落实,负责安全资料的整理和管理,及时消除安全隐患,做好安全检查记录,确保所有的安全设施都处于良好的运转状态。承包人项目负责人和专职安全生产管理人员均应当具备有效的安全生产考核合格证书。

(5)承包人应遵照有关法规要求,编印安全防护手册发给进场施工人员,做好进场施工人员上岗前的安全教育和培训工作,并建立考核制度,只有考核合格的人员才能进场施工作业。特种作业人员还应经过专门的安全作业培训,并取得特种作业操作资格证书后方可上岗。在任何分部分项工程开始施工前,承包人应当就有关安全施工的技术要求向施工作业班组和作业人员等进行安全交底,并由双方签字确认。

(6)承包人应为其进场施工人员配备必需的安全防护设施和设备,承包人还应为施工场地(现场)邻近地区的所有者和占有者、公众和其他人员,提供一切必要的临时道路、人行道、防护棚、围栏及警告等,以确保财产和人身安全,以及最大程度降低施工可能造成的不便。

(7)承包人应在施工场地(现场)入口处,施工起重机械、临时用电设施、脚手架放置处,出入通道口,楼梯口,电梯井口,孔洞口,隧道口,基坑边沿,危险品存放处等危险部位设置一切必需的安全警示标志,包括但不限于标准道路标志、报警标志、危险标志、控制标志、安全标志、指示标志、警告标志等,并配备必要的照明、防护和看守。承包人应当按监理人的指示,经常补充或更换失效的警示和标志。

(8)承包人应对施工场地(现场)内由其提供并安装的所有提升架、外用电梯和塔吊等垂直和水平运输机械进行安全围护,包括卸料平台门的安全开关、警示铃和警示灯,卸料平台的护身栏杆,脚手架和安全网等;所有的机械设备应设置安全操作防护罩,并在醒目位置张挂详细的安全操作要点等。

(9)承包人应对所有用于提升的挂钩、挂环、钢丝绳、铁扁担等进行定期检测、检查和标定;如果监理人认为,任何此类设施已经损坏或有使用不当之处,承包人应立即以合格的产品进行更换;所有垂直和水平运输机械的搭设、顶升、使用和拆除必须严格依照现行有关法规、规章、规范、标准和规程等的要求进行。

(10)所有机械和工器具应定期保养、校核和维护,以保证它们处于良好和安全的工作状态。保养、校核和维护工作应尽可能安排在非工作时间进行,并为上述机械和工器具准备足够的备用配件,以确保工程的施工能不间断地进行。

(11)在永久工程和施工边坡、建筑物基坑、地下洞室等的开挖过程中,应根据其施工安全的需要和(或)监理人指示,安装必要的施工安全监测仪器,及时进行必要的施工安全监测,并定期将安全监测成果提交监理人,以防止引起任何沉降、变形或其他影响正常施工进度的损害。

(12)承包人应对任何施工中的永久工程进行必要的支撑或临时加固。除非承包人已获得监理人书面许可并按要求进行了必要的加固或支撑,不允许承包人在任何已完成的永久性结构上堆放超过设计允许荷载的任何材料、物品或设备。在任何情况下,承包人均应对其任何上述超载行为引起的后果负责,并承担相应的修缮费用。

(13)承包人应成立应急救援小组,配备必要的应急救援器材和设备,制订灾害和生产安全事故的应急救援预案,并将应急救援预案报送监理人。应急救援预案应能随时组织应救专职人员,并定期组织演练。

(14)施工过程中需要使用爆破或带炸药的工具等危险性施工方法时,承包人应提前通知监理人。经监理人批准后,承包人应依照有关法律、法规、规章以及政府有关主管机构制定的规范性文件等,向有关机构提出申请并获得相关许可。承包人应严格依照上述规定使用、储藏、管理爆破物品或带炸药的工具等,并负责由于这类物品的使用可能引起的任何损失或损害的赔偿。任何情况下,承包人不得在已完永久性工程和空心砌体中使用爆破方法。

(15)基坑支护与降水工程、土方开挖工程、模板工程、起重吊装工程、脚手架工程、拆除和爆破工程等达到一定规模或危险性较大的分部分项工程,承包人应当编制专项施工方案,其中深基坑、地下暗挖和高大模板工程的专项施工方案,还应组织专家进行论证和审查。

(16)承包人应按照通用合同条款的约定处理本工程施工过程中发生的事故。发生施工安全事故后,承包人必须立即报告监理人和发包人,并在事故发生后一小时内向发包人提交事故情况书面报告,并根据《生产安全事故报告和调查处理条例》的规定,及时向工程所在地县级以上地方人民政府安全生产监督管理部门和建设行政主管部门报告。情况紧急时,事故现场有关人员可以直接向工程所在地县级以上地方人民政府安全生产监督管理部门和建设行政主管部门报告。

(17)承包人还应根据有关法律、法规、规定和条例等的要求,制订一套安全生产应急措施和程序,保证一旦出现任何安全事故,能立即保护现场,抢救伤员和财产,保证施工生产的正常进行,防止损失扩大。

(二)临时消防

(1)承包人应建立消防安全责任制度,制订用火、用电和使用易燃易爆等危险品的消防安全管理制度和操作规程。各项制度和规程等应满足相关法律法规和政府消防管理机构的要求。

（2）承包人应根据相关法律法规和消防管理部门的要求，为施工中的永久工程和所有临时工程提供必要的临时消防和紧急疏散设施，包括提供并维持畅通的消防通道、临时消火栓、灭火器、水龙带、灭火桶、灭火铲、灭火斧、消防水管、阀门、检查井、临时消防水箱、泵房和紧随工作面的临时疏散楼梯或疏散设施，消防设施的设立和消防设备的型号和功率应满足消防任务的需要，始终保持能够随时投入正常使用的状态，并设立明显标志。承包人的临时消防系统和配置应分别经过监理人和消防管理部门的审批和验收；承包人还应自费获得消防管理部门的临时消防证书。所有的临时消防设施属于承包人所有，至工程实际竣工且永久性消防系统投入使用后从现场拆除。

（3）承包人应当成立由项目主要负责人担任组长的临时消防组或消防队，宣传消防基本知识和基本操作培训，组织消防演练，保证一旦发生火灾，能够组织有效的自救，保护生命和财产安全。

（4）施工场地（现场）内的易燃、易爆物品应单独和安全地存放，设专人进行存放和领用管理。施工场地（现场）储有或正在使用易燃、易爆或可燃材料或有明火施工的工序，应当实行严格的"用火证"管理制度。

（三）临时供电

（1）承包人应当根据《施工现场临时用电安全技术规范》（JGJ 46 - 2005）及其适用的修订版本的规定和施工要求编制施工临时用电方案。临时用电方案及其变更必须履行"编制、审核、批准"程序。施工临时用电方案应当由电气工程技术人员组织编制，经企业技术负责人批准后实施，经编制、审核、批准部门和使用单位共同验收合格后方可投入使用。

（2）承包人应为施工场地（现场），包括为工程楼层或者各区域，提供、设立和维护必要的临时电力供应系统，并保证电力供应系统始终处于满足供电管理部门要求和正常施工生产所要求的状态，并在工程实际竣工和相应永久系统投入使用后从现场拆除。

（3）临时供电系统的电缆、电线、配电箱、控制柜、开关箱、漏电保护器等材料设备均应当具有生产（制造）许可证、产品合格证并经过检验合格的产品。临时用电采用三相五线制、三级配电和两极漏电保护供电，三相四线制配电的电缆线路必须采用五芯电缆，按规定设立零线和接地线。电缆和电线的铺设要符合安全用电标准要求,电缆线路应采用埋地或架空敷设,严禁地面明设,并应避免机械损伤和介质腐蚀。埋地电缆路径应设方位标志。各种配电设备均设有防止漏电和防雨防水设施。

(4)承包人应在施工作业区、施工道路、临时设施、办公区和生活区设置足够的照明,地下工程照明系统的电压不得高于36V,在潮湿和易触及带电体场所的照明供电电压不应大于24V。不便于使用电器照明的工作面应采用特殊照明设施。

(5)凡可能漏电伤人或易受雷击的电器及建筑物均应设置接地和避雷装置。承包人应负责避雷装置的采购、安装、管理和维修,并建立定期检查制度。

(四) 劳动保护

(1)承包人应遵守所有适用于本合同的劳动法规及其他有关法律、法规、规章和规定中关于工人工资标准、劳动时间和劳动条件的规定,合理安排现场作业人员的劳动和休息时间,保障劳动者的休息时间,支付合理的报酬和费用。承包人应按有关行政管理部门的规定为本合同下雇用的职员和工人办理任何必要的证件、许可、保险和注册等,并保障发包人免于因承包人不能依照或完全依照上述所有法律、法规、规章和规定等可能给发包人带来的任何处罚、索赔、损失和损害等。

(2)承包人应按照国家《劳动保护法》的规定,保障现场施工人员的劳动安全。承包人应为本合同下雇用的职员和工人提供适当和充分的劳动保护,包括但不限于安全防护、防寒、防雨、防尘、绝缘保护、常用药品、急救设备、传染病预防等。

(3)承包人应为其履行本合同所雇用的职员和工人提供和维护任何必要的膳宿条件和生活环境,包括但不限于宿舍、围栏、供水(饮用及其他目的用水)、供电、卫生设备、食堂及炊具、防火及灭火设备、供热、家具及其他正常膳宿条件和生活环境所需的必需品,并应考虑宗教和民族习惯。

(4)承包人应为现场工人提供符合政府卫生规定的生活条件并获得必要的许可,保证工人的健康和防止传染病,包括工人的食堂、厕所、工具房、宿舍等;承包人应聘请专业的卫生防疫部门定期对现场、工人生活基地和工程进行防疫和卫生的专业检查和处理,包括消灭白蚁、鼠害、蚊蝇和其他害虫,以防对施工人员、现场和永久工程造成任何危害。

(5)承包人应在现场设立专门的临时医疗站,配备足够的设施、药物和称职的医务人员,承包人还应准备急救担架,用于一旦发生安全事故时对受伤人员的急救。

（五）脚手架

(1)承包人应搭设并维护一切必要的临时脚手架、挑平台并配以脚手板、安全网、护身栏杆、门架、马道、坡道、爬梯等。脚手架和挑平台的搭设应满足有关安全生产的法律、法规、规范、标准和规程等的要求。新搭设的脚手架投入使用前,承包人必须组织安全检查和验收,并对使用脚手架的作业人员进行安全交底。

(2)所有脚手架,尤其是大型、复杂、高耸和非常规脚手架,要编制专项施工方案,还应当经过安全验算,脚手架安全验算结果必须报送监理人核查后方可实施。

(3)搭设爬架、挂架、超高脚手架等特种或新型脚手架时,承包人应确保此类脚手架的安全性和保证此类脚手架已经过有关行政管理部门允许使用的批准,并承担与此有关的一切费用。

(4)承包人应当加强脚手架的日常安全巡查,及时对其中的安全隐患进行整改,确保脚手架使用安全。雨、雪、雾、霜和大风等天气后,承包人必须对脚手架进行安全巡查,并及时消除安全隐患。

(5)承包人应允许发包人、监理人、专业分包人、独立承包人(如果有)和有关行政管理部门或者机构免费使用承包人在现场搭设的任何已有脚手架,并就其安全使用做必要交底说明。承包人在拆除任何脚手架前,应书面请示监理人将要拆除的脚手架是否为发包人、监理人、专业分包人、独立承包人(如果有)和政府有关机构所需,只有在获得监理人书面批准后,承包人才能拆除相关脚手架,否则承包人应自费重新搭设。

（六）施工安全措施计划

(1)承包人应根据《中华人民共和国安全生产法》《职业健康安全管理体系规范》《中华人民共和国消防法》《中华人民共和国道路交通安全法》《中华人民共和国传染病防治法实施办法》和地方有关的法规等,编制一份施工安全措施计划,报送监理人审批。

(2)施工安全措施计划是承包人阐明其安全管理方针、管理体系、安全制度

和安全措施等的文件,其内容应当反映现行法律法规规定的和合同条款约定的以及本条上述约定的承包人安全职责,包括但不限于:

①施工安全管理机构的设置;

②专职安全管理人员的配备;

③安全责任制度和管理措施;

④安全教育和培训制度及管理措施;

⑤各项安全生产规章制度和操作规程;

⑥各项施工安全措施和防护措施;

⑦危险品管理和使用制度;

⑧安全设施、设备、器材和劳动保护用品的配置;

⑨其他。

施工安全措施的项目和范围,应符合国家颁发的《安全技术措施计划的项目总名称表》及其附录 H、I、J 的规定,即应采取以改善劳动条件,防止工伤事故,预防职业病和职业中毒为目的的一切施工安全措施,以及修建必要的安全设施、配备安全技术开发试验所需的器材、设备和技术资料,并对现场的施工管理及作业人员做好相应的安全宣传教育。

(3)施工安全措施计划应当在专用合同条款约定的期限内报送监理人。承包人应当严格执行经监理人批准的施工安全措施计划,并及时补充、修订和完善施工安全措施计划,确保安全生产。

(七)文明施工

(1)承包人应遵守国家和工程所在地有关法规、规范、规程和标准的规定,履行文明施工义务,确保文明施工专项费用专款专用。

(2)承包人应当规范现场施工秩序,实行标准化管理。

①承包人的施工场地(现场)必须干净整洁,做到无积水、无淤泥、无杂物,材料堆放整齐。

②施工场地(现场)应进行硬化处理,定期定时洒水,做好防治扬尘和大气污染工作。

③严格遵守"工完、料尽、场地净"的原则,不留垃圾,不留剩余施工材料和施工机具,各种设备运转正常。

④承包人修建的施工临时设施应符合监理人批准的施工规划要求,并应满

足规定的各项安全要求。

⑤监理人可要求承包人在施工场地(现场)设置各级承包人的安全文明施工责任牌等文明施工警示牌。

⑥材料进入现场应在指定位置堆放整齐,不得影响现场施工,堵塞施工和消防通道。材料堆放场地应有专职的管理人员。

⑦施工和安装用的各种扣件、紧固件、绳索具、小型配件、螺钉等应在专设的仓库内装箱放置。

⑧现场风管、水管及照明电线的布置应安全、合理、规范、有序,做到整齐美观。不得随意架设,造成隐患或影响施工。

(3)承包人应为其雇用的施工工人建立并维护相应的生活宿舍、食堂、浴室、厕所和文化活动室等,且应满足政府有关机构的生活标准和卫生标准等的要求。

(4)承包人应为任何已完成、正在施工和将要进行的任何永久和临时工程、材料、物品、设备,以及因永久工程施工而暴露的任何毗邻财产提供必要的覆盖和保护措施,以避免恶劣天气影响工程施工,造成损失。保护措施包括必要的冬季供暖、雨季用阻燃防水油布覆盖、额外的临时仓库等。因承包人措施不得力或不到位而给工程带来的任何损失或损害由承包人自己负责。

(5)在工程施工期间,承包人应始终避免现场出现不必要的障碍物,妥当存放并处置施工设备和多余的材料,及时从现场清除运走任何废料、垃圾或不再需要的临时工程和设施。

(6)承包人应为现场的工人和其他所有工作人员提供符合卫生要求的厕所,厕所应贴有瓷砖并带手动或自动冲刷设备、洗手盆;承包人负责支付与该厕所相关的所有费用,并在工程竣工时,从现场拆除。承包人应在工作区域设立必要的临时厕所,并安排专门人员负责看护和定时清理,以确保现场免于随地大小便的污染。

(7)承包人应在现场设立固定的垃圾临时存放点并在各楼层或区域设立必要的垃圾箱;所有垃圾必须在当天清除出现场,并按有关行政管理部门的规定,运送到指定的垃圾消纳场。

(8)承包人应对离场垃圾和所有车辆进行防遗洒和防污染公共道路的处理。承包人在运输任何材料的过程中,应采取一切必要的措施,防止遗洒和污染公共道路的情况；一旦出现上述遗洒或污染现象，承包人应立即采取措施进行清扫，并承担所有费用。承包人在混凝土浇筑、材料运输、材料装卸、现场清理等工作中应采取一切必要的措施防止影响公共交通。

(9)承包人应当制订成品保护措施计划，并提供必要的人员、材料和设备用于整个工程的成品保护，包括对已完成的所有分包人和独立承包人(如果有)的工程或工作的保护，防止已完成的工作遭受任何损坏或破坏。成品保护措施应当合理安排工序，并包括工作面移交制度和责任赔偿制度。成品保护措施计划最迟应当在任何专业分包人或独立承包人进场施工前不少于 28 天报监理人审批。

（八）环境保护

(1)在工程施工、完工及修补任何缺陷的过程中，承包人应当始终遵守国家和工程所在地有关环境保护、水土保护和污染防治的法律、法规、规章、规范、标准和规程等。

(2)承包人应按合同约定和监理人指示，接受国家和地方环境保护行政主管部门的监督、监测和检查。承包人应对其违反现行法律、法规、规章、规范、标准和规程等以及本合同约定所造成的环境污染、水土流失、人员伤害和财产损失等承担赔偿责任。

(3)承包人制订施工方案和组织措施时应当同步考虑环境和资源保护，包括水土资源保护、噪声、振动和照明污染防治、固体废弃物处理、污水和废气处理、粉尘和扬尘控制、道路污染防治、卫生防疫、禁止有害材料、节能减排以及不可再生资源的循环使用等因素。

(4)承包人应当做好施工场地(现场)范围内各项工程的开挖支护、截水、降水、灌浆、衬砌、挡护结构及排水等工程防护措施。施工场地(现场)内所有边坡应当采取有效的水土流失防治和保持措施。承包人采用的降水方案应当充分考虑对地下水的保护和合理使用，如果国家和(或)地方人民政府有特别规定的，承包人应当遵守有关规定。承包人还应设置完善的排水系统，保持施工场地(现场)始终处于良好的排水状态，防止降雨径流对施工场地(现场)的冲刷。

(5)承包人应当确保其所提供的工程设备、施工设备和其他材料都是绿色环保产品，列入国家强制认证产品名录的，还应当是通过国家强制认证的产品。承包人不得在任何临时和永久性工程中使用任何政府明令禁止使用的对人体有害的材料(如放射性材料、石棉制品等)和方法,同时也不得在永久性工程中使用政府虽未明令禁止但会给居住或使用人带来不适感觉或味觉的任何材料和添加剂等;承包人应在其施工环保措施计划中明确防止误用的保证措施;承包人违背此项约定的责任和后果全部由承包人承担。

(6)承包人应为防止进出场的车辆的遗洒和轮胎夹带物等污染周边和公共道路等行为制订并落实必要的措施,这类措施应至少包括在现场出入口设立冲刷池、对现场道路做硬化处理和采用密闭车厢或者对车厢进行必要的覆盖等。

(7)承包人应当保证施工生产用水和生活用水符合国家有关标准的规定。承包人还应建设、运行和维护施工生产和生活污水收集和处理系统(包括排污口接入),建立符合排放标准的临时沉淀池和化粪池等,不得将未处理的污水直接或间接排放,造成地表水体、地下水体或生产和生活供水系统的污染。

(8)承包人应当采取有效措施,建立相应的过滤、分离、分解或沉淀等处理系统,不得让有害物质(如燃料、油料、化学品、酸类等),以及超过剂量的有害气体和尘埃、污水、泥土或水、弃渣等)污染施工场地(现场)及其周边环境。承包人施工工序、工作时间安排和施工设备的配置应当充分考虑降低噪声和照明等对施工场地(现场)周边生产和生活的影响,并满足国家和地方政府有关规定的要求。

(九)施工环保措施计划

施工环保应包括以下措施。

(1)承包人生活区(如果有)的生活用水和生活污水处理措施;

(2)施工生产废水处理措施;

(3)施工扬尘和废气的处理措施;

(4)施工噪声和光污染控制措施;

(5)节能减排措施;

(6)不可再生资源循环利用措施;

(7)固体废弃物处理措施;

(8)人群健康保护和卫生防疫措施;

(9)防止误用有害材料的保证措施;

(10)施工边坡工程的水土流失保护措施;

(11)道路污染防治措施;

(12)完工后场地清理及其植被(如果有)恢复的规划和措施。

施工环保措施计划应当在专用合同条款约定的期限内报送监理人。承包人应当严格执行经监理人批准的施工环保措施计划,并及时补充、修订和完善施工环保措施计划。

(十)治安保卫

(1)承包人应为施工场地(现场)提供 24 小时的保安保卫服务,配备足够的保安人员和保安设备,防止未经批准的任何人进入现场,并控制人员、材料和设备等的进出场,防止现场材料、设备或其他任何物品的失窃,禁止任何现场内的打架斗殴事件。

(2)承包人的保安人员应是训练有素的专业人员,承包人可以雇用专业保安公司负责现场保安和保卫;保安保卫制度除规范现场出入大门控制外,还应规定定时和不定时的施工场地(现场)周边和全现场的保安巡逻。

(3)承包人应制定并实施严格的施工场地(现场)出入制度并报监理人审批;车辆的出入须有出入审批制度,并有指定的专人负责管理;人员进出现场应有出入证,出入证须以经过监理人批准的格式印制。

(4)承包人应确保,任何未经监理人同意的参观人员不得进入现场;承包人应准备足够数量的专门用于参观人员的安全帽并带明显标志,同时准备一个参观人员登记簿,用于记录所有参观现场人员的姓名、参观目的和参观时间等内容;承包人应确保每个参观现场的人员了解和遵守现场的安全管理规章制度,佩戴安全帽,确保所有经发包人和监理人批准的参观人员的人身安全。

(5)承包人应为施工场地(现场)提供和维护符合建设行政主管部门和市容管理部门规定的临时围墙和其他安全维护,并在工程进度需要时,进行必要的改造。围墙和大门的表面维护应考虑定期的修补和重新刷漆,并保证所有的乱涂乱画或招贴广告随时被清理。临时围墙和出入大门应考虑必要的照明,照明系统要满足现场安全保卫和美观的要求。

(6)承包人应当保证发包人支付的工程款项仅用于本合同目的,及时和足额地向所雇用的人员支付劳动报酬,并制订严格的工人工资支付保障措施,确保所有分包人及时支付所雇用工人的工资,有效防止影响社会安定的群体事件发生,并保障发包人免于因承包人(包括其分包人)拖欠工人工资而可能遭受的任何处罚、索赔、损失和损害等。

十七、其他

本合同有效期从合同生效之日起至合同双方责任和义务履行完毕之日止，质保期满后货款结清时止。

(1)本合同一式正本 2 份，副本 6 份，其中卖方执正本 1 份，副本 3 份。买方执正本 1 份，副本 3 份。

(2)双方任何一方未取得另一方同意前，不得将本合同项下的部分或全部权利或义务转让给第三方。卖方未经买方同意不得将本合同范围内的设备/部件进行分包(包括主要部件外购)。卖方需分包的内容和比例应在投标文件中予以明确，并征得买方同意，否则不得分包。卖方对所有分包设备、部件承担本合同项下的全部责任。

(3)卖方在取得买方同意后所选定的分包商应被视为同卖方一样为履行本合同对买方承担责任。其过失疏忽或其他任何违反合同的行为，应由卖方直接承担。

(4)本合同项下双方相互提供的文件、资料，双方除为履行合同的目的外，均不得泄露给与工程无关的第三方。

(5)本合同明确了双方全部的权利和义务。任何一方不享有或承担合同规定以外的权利和义务。

(6)买、卖双方签订的技术协议(如果有的话)、卖方的评标答疑记录、卖方的投标文件、招标文件及其澄清函、变更函(或通知等)均为本合同的补充文件，是与本合同不可分割的一部分，与本合同具有同等法律效力。

(7)本合同未尽事宜双方协商解决。

第五章　图书馆建设项目合同管理

第一节　合同管理及其原则

随着地方经济建设提速,国家在招标、造价和安全质量管控等方面,正逐年加大规范管理力度。而工程承建业务,竞争异常激烈,僧多粥少、低价中标,加大了建设项目的合同管理风险。项目管理是通过制订系统而周密的管理计划,对项目全过程进行策划、组织、协调和控制,促进各参建单位密切协作,共同推动项目建设实现既定目标,从而各取所需、达成合作共赢而做的一系列工作。因此,要有效地开展项目管理工作,首先要抓项目管理中的合同管理。合同管理贯穿项目管理始终,把项目多方面的管理有机地结合在一起。科学规范地抓好合同管理工作,项目管理目标的实现就有了强有力的保障。

一、图书馆建设项目合同管理的重要性

图书馆建设项目,具有建设周期长、合同金额大、参建单位众多等特点,在合同履行过程中,业主与承包商之间、不同承包商之间、承包商与分包商之间以及业主与设备材料供应商之间不可避免地会产生各种争执和纠纷。而调节这些争执和纠纷的主要尺度和依据应是发承包双方在合同中事先做出的各种约定和承诺,如合同的不可抗力条款,合同价款调整、变更条款和激励考核条款等。在工程具体实施过程中,由于周期长,短则几个月,长则历时几年,受各种外部环境变化和内部因素改变,干扰事件多,合同变更频繁,合同管理显得尤为

重要。建设工程合同具有一经签订即具有法律效力的属性①。所以,合同是处理建设项目实施过程中各种矛盾和争议的法律依据。项目管理涉及的合同主体都希望实现自身利益的最大化,在合同中体现考核和激励就成为项目建设管理的重要经济杠杆。良好的合同管理可使风险降低,使工程项目推进顺利,取得好的投资效益。

二、图书馆建设项目管理中的合同管理原则

合同是甲方和乙方之间为完成商定的工作内容,明确双方权利和义务的协议。当事人之间订立合同,有书面形式、口头形式和其他形式。但《中华人民共和国合同法》第二百七十条明确规定:建设工程合同应当采用书面形式。建设项目管理中的合同主要有:勘察、设计合同,征地拆迁赔偿合同,物资采购合同,施工合同,监理合同和分包合同等。因此,建设项目管理中的合同全部采用书面合同。

施工合同是建设项目合同管理的重要组成部分,且是实践中争议较多的合同。施工合同管理是对施工合同的签订、履行、变更和解除等进行筹划和控制的过程,其主要内容有:根据项目特点和要求确定工程施工承发包模式和合同结构、选择合同文本、确定合同计价和支付方法、合同履行过程的管理与控制、合同索赔和反索赔等。

（一）合同的签订

根据《中华人民共和国合同法》(简称《合同法》)规定,签订合同时要遵循五个基本原则:

一是合同当事人的法律地位平等,一方不得将自己的意志强加给另一方,即平等原则。二是当事人依法享有自愿订立合同的权利,任何单位和个人不得非法干预,即自愿原则。三是当事人应当遵循公平原则确定各方的权利和义务,即公平原则。四是当事人行使权利、履行义务应当遵循诚实信用原则,即诚实信用原则。五是当事人订立、履行合同,应当遵守法律、行政法规,尊重社会公德,不得扰乱社会经济秩序,损害社会公共利益,即公序良俗原则。

《合同法》第五十四条规定:一方以欺诈、胁迫的手段或者乘人之危,使对方

---

① 　曲修山.工程建设合同管理[M].北京:中国建筑工业出版社,1997.

在违背真实意思的情况下订立的合同,受损害方有权请求人民法院或者仲裁机构变更或者撤销。当事人请求变更的,人民法院或者仲裁机构不得撤销。

作为工程管理人员必须熟悉把握合同签订的基本原则,避免因重大误解和显失公平导致合同被撤销,给国家和集体造成重大损失。

（二）合同签订的程序

合同签订的程序包括:①发放中标通知书;②组成项目经理在内的谈判小组;③草拟合同专用条款;④双方谈判;⑤参照招标拟定的合同条款或合同范本与发包人签订工程合同;⑥合同双方在合同管理部门备案并缴纳印花税。

根据《中华人民共和国招标投标法实施条例》第五十七条规定:招标人和中标人应当依照招标投标法和本条例的规定签订书面合同,合同的标的、价款、质量、履行期限等主要条款应当与招标文件和中标人的投标文件的内容一致。招标人和中标人不得再行订立背离合同实质性内容的其他协议。这就为项目实际建设管理过程中,对于招标环节合同专用条款漏项和未明确的非实质性内容进行甲乙方谈判提供了法律依据。

（三）合同组成文件及其优先顺序

（1）协议书（包括补充协议）;

（2）中标通知书;

（3）投标书及其附件;

（4）专用条款;

（5）通用条款;

（6）标准、规范及有关技术文件;

（7）图纸;

（8）具有标价的工程量清单;

（9）工程报价单或施工图预算书。

（四）合同的履行

（1）必须遵守国家招标投标有关法律的规定。

（2）必须遵守《合同法》规定的各项合同履行原则。

（3）依据《合同法》规定进行合同的变更、违约、索赔、转让和终止。

（4）发生不可抗力导致合同不能正常履行时,迅速向上级汇报并通报有关各方,及时采取必要措施减少损失和防止不良势态扩大。

三、图书馆建设项目合同管理的风险控制

（一）采用合同范本

合同范本一般是在总结了大量的实践经验基础上起草的，对双方的权利和义务约定比较平衡和均匀，因此建议尽可能地选用规范的格式合同来处理双方的经济往来。使用合同范本，减少承办人员主观情感因素和业务水平对合同条款增减的影响，是合同签订的重要风险防范措施。不管签约双方诚信度如何，都需要在合同中明确约定双方的权利和义务，使双方的风险降到能够控制的最低限度。

（二）开展合同交底

建设合同一经签订即具有法律效力。因此，组织开展合同交底很有必要。建设项目实施前，业主单位组织各参建单位参加合同交底会议，明确建设范围、工作内容、安全目标、质量目标、工期、考核约定以及争议的解决方式等。由于工程普遍存在劳务分包情况，施工承包人应提供总包合同（有关承包工程的价格内容除外）供分包人查阅；组织分包人参加发包人组织的图纸会审，向分包人进行升级图纸交底[①]。为了让参建人员更充分地领会业主意图，更好实现建设项目的经济效益和社会效益，业主单位有必要要求分包人参加合同交底会议。通过合同交底，进一步明确建设目标和要求，减少各方对合同履约的认识分歧，从而采取各种措施杜绝风险的发生，达到有效预防风险的目的。

（三）动态管理合同

工程建设周期长，少则几个月、半年，多则几年，涉及气候、市场行情、政策因素、施工受阻等建设外部环境变化，会影响到合同的正常履行。对合同实行动态管理，就是要实时跟踪收集、分析合同履约情况，发现偏差，及时进行合法、合规、合理的调整，避免主观人为风险、减少客观自然风险。

合同作为建设领域的重要经济行为，做好合同管理将直接有助于项目的建设管理、过程控制和圆满完成。关注合同履约、风险控制将是建设项目管理的重要课题。在建设项目管理过程中，保持信息畅通，加强合同管理，顺利完成目标任务，才能最终实现各项目建设主体获得最优的投资效益。

---

① 高冀生.高校图书馆扩建对策[J].大学图书馆学报,2000(6):8－12.

第二节　合同管理工作范围

本节将施工项目合同管理工作质量的提高作为论述的关键点,并对合同制订中的评审工作管理和施工项目合同履行情况进行重点论述,其主要目的是进一步完善建筑工程施工中的合同管理工作。

一、图书馆建设项目合同签订之前的评审工作管理

建筑工程施工大多在露天条件下进行,且建筑施工有着涉及范围大、施工时间长、影响因素多等特征,所以施工期间会发生很多突发状况,这使得业主和施工企业都要承担很高的经济风险。在建筑工程施工的合同管理工作中,严格开展评审工作,能够促进合同谈判的高效进行并显著提高工程质量,因此在合同管理中必须给予评审工作足够的重视。进行评审管理时,主要的管理内容包括以下几点:首先是设立专业的谈判组织。该谈判队伍应由企业领导带领,这样能够使合同谈判的质量得到提高,并且还能促进企业实现经济利益的最大化。谈判小组中的各个工作者都必须对施工情况有一个深入的了解,并且参加招投标工作。重点工作内容是深入探究合同条款和合同谈判策略。其次,深入探究各个比数。进行工程的投标时,招标文件已涵盖了大多数较重要的合同条款。因此,为了保证合同的顺利签订,施工单位要全面分析招标文件,一旦发现问题,要进行科学合理的分析和判断,在谈判过程中掌握主动性。最后,在谈判中尽可能地争取利益。在谈判期间争取利益能够大大降低合同落实的难度,进而减少因合同履行困难而出现索赔问题的发生率。在争取利益时常常会使用下列两种途径:第一,谈判期间要尽量准确地阐述自己的要求,并将这些要求体现在合同条款中以维护自身利益;第二,谈判期间一味地迎合对方,但在施工期间借助索赔来争取自身利益。前者会增加合同谈判工作的难度,可是在实际工作中它的规范性更强且能降低企业面临的风险,所以,在中标工程中常常使用前者,而在议标工程中则常常使用后者。最后,拟定合同条款。企业的管理人员要安排了解工程实际状况并且专业水平较高、工作责任感较强的人来负责谈判开始前合同条款的起草工作,并通过企业法律顾问、统计部门等相关部门的

审核,按照领导审查意见修改后,方可作为合同谈判基础。

二、图书馆建设施工项目合同履行中的合同管理工作

(一)提高合同履约率

在实际工作中,建筑工程施工项目的合同履约率一般都非常低,产生这种现象的主要原因,首先在于合同条款的订立不够严谨。在落实合同条款时没有对可能发生的问题进行预防,也没有相关的法律文件或者合同条款作为依据,一旦出现以上情况,受到利益的诱惑,当事方很可能因为利益出现互相推诿的情况,不利于合同的履行,最终导致双方被迫解除合同。其次,合同的当事者未依据有关法律法规来开展报批报建和备案审查等工作,这将引发对合同的当事者是否具备履行合同条款的能力的质疑,甚至使合同丧失效力。所以,要想提高履约率就一定要将各项条款落到实处,并在签订合同时保持高度的责任感,还要借助公开、全面的评估工作来确定合同的风险,然后提前制订应对方案。

这些都是在法律规定下进行的,只有不断对自己进行约束,审查核实好双方的资历情况,才能为合同的签订打下良好的基础。

(二)开展合同履行分析

合同履行分析的重点一般有下列几个方面。

首先,合同总体内容的分析。这项工作的目的是把合同中的各项规定贯彻到全局。落实合同条款前,要借助合同总体分析来确定工作目标,明确各项权责和义务,并明确各种行为会导致的法律后果。这项工作中,除了要对承包企业和业主的主要责任、违约责任、规定工期、合同变更工作进行分析,还要对补偿条件、争议处理方式等进行重点分析,要对需重点关注的方面进行标注,还要用简洁的文字将其表述出来,这样可以对施工者的工作起到指导作用。此外,在解决合同争执时,也需要对合同做出总体分析。

其次,合同的细致分析。合同细致分析工作的实质就是细化各个合同条款,并将合同条款中的有关规定落实到具体工作中。细致分析的对象主要有合同资料、合同协议书、施工图纸和工作量表等。开展合同的细致分析工作能够促进施工安排及协调工作的顺利进行[①]。所以,合同的细致分析需要由工程计

---

① 顾广平.浅析如何加强设计变更和签证管理[J].山西建筑,2009(7):259-260.

划、施工技术工作者和管理者配合完成。

最后,合同落实情况的分析。签署好合同后,就要开始落实,施工期间合同管理的重点一般有:①指导施工项目经理、各职能工作者、工作小组和分包商高效开展工作,如细致解释合同内容等;②评估合同中的各项问题和责任,防止履行合同时出现矛盾,为索赔和反索赔提供依据;③写好合同落实报告。业主和管理者有权审查该报告,以提高决策准确性。

(三)施工阶段合同履行的重点内容

在履行施工阶段合同时,需要把握好下列几个重点。第一,严格开展施工项目质量控制工作。进行这一工作时,要将设备和材料质量的控制作为切入点,不管是承包者采购的材料还是发包者供应的材料,都必须在质量、交货期等方面符合合同规定。另外,对施工项目的质量应强化检验与监督,对于因没有按照合同规定建设而出现质量问题的一些工程,应当在明确责任的情况下返工并要求责任方承担费用。

第二,严格进行进度管理。建筑工程的施工是有工期限制的,若未按时交工,就可能需要索赔。开展这项工作时,工程师必须定期检查施工项目的实际进度,在与施工计划比较后制订适应性的特征方案。若发生了暂停施工的情况,必须在明确权责后进行处理,以尽早恢复正常施工。

第三,科学处理设计变更。施工期间,要严格按照合同内容进行。如果擅自更改设计,则要对产生的损失负责。如果确实需要发生设计变更,双方一定要按照合同要求,协商进行调整,在此过程中,如果合同中已经规定变更价格,就要将其作为变更后的价款。若合同中没有明确规定,但有相近的工程价格,就要以此为参考来确定价款。若合同中并没有这方面的规定,那么就由承包商主动提出工程变更的价款,在取得工程师的认可后最终确定价格。

第三节　合同管理目标

图书馆建筑工程施工合同管理目标主要体现在以下几个方面。

(1)在合同中要明确合同适用范围及具体内容。在适用范围方面,要明确合同的某些条款在哪些情形中适用,在哪些特殊情形中无效,在合同内容方面,要明确合同的具体规定,保证既不重复,也不会遗漏①。

(2)在合同中要明确合同造价和调整价格的范围,对于造价调整的依据、方法、程度、范围等要使用明确的词语,避免含糊不清。

(3)在合同中要明确付款的办法。在工程承包合同中,要明确施工付款的方式、付款内容、付款时间等细节。

(4)要确保合同具有较强的操作性,在根据国家标准合同文本签订合同的过程中,要对一些范围较大的内容细化,标明具体步骤,确保合同条款能够有效实施。

(5)建筑工程的施工人员应该学习相关合同文件,在签订合同后向项目经理进行交底,同时提高工程现场具体操作人员的合同意识,确保合同管理全面有效。

第四节　要约与承诺

一、要约与承诺的区别

合同立法应社会经济生活的需求而生,并随着社会经济生活的改善而发展,有时,由于交易双方空间距离较大,缔约花费的金钱和时间也随之增多,此时,采用书信或数据电文形式以要约和承诺方式缔结合同,是节约缔约成本和时间的一种不错的方法。现代科学技术的发展,产品的标准化和法律的趋同化为这种新兴的缔约方式提供了技术基础和保障。但是,企业在拟采用要约和承诺的方式缔约时,应当注意这种方式一般仅适用于普通的货物买卖合同,不适用于其他合同,如工程承包合同、投资合同等。

(一)要约的概念

要约,是指一方当事人以订立合同为目的而发出的,由相对人受领的意思表示。在商业活动中要约也称为"报价、发价或发盘"。

依据我国《合同法》第十四条规定,要约应当具备以下条件:首先,要约必须

_____

① 王文斐.高校基建工程管理的现状及控制措施[J].建筑安全,2015(2):48-51.

是特定的人的意思表示,旨在以要约人的承诺成立合同。要约人可以是自然人、法人或者其他组织。其次,要约一般要向特定的人发出,但在特殊情况下也可以向不特定的人发出。例如,悬赏广告。再次,要约必须能够反映所订立合同的主要内容,即订立合同的主要条款。要约是对未来合同的设计,一旦被承诺,合同即成立。最后,要约应表明要约人在得到有效承诺时,即受其约束的意旨。

（二）承诺的概念

承诺,是指受领要约的相对人为成立合同而同意接受要约的意思表示,在商业交易中又称"接盘、还盘、收盘"。有效承诺必须具备以下要件:首先,承诺必须由受领要约的相对人做出①;其次,承诺的内容须与要约的内容一致。承诺对要约内容进行实质性变更的,不构成承诺而视为新要约和反要约。再次,承诺必须在承诺期限内做出,否则,除要约人及时通知该承诺有效以外,视为新要约。最后,承诺需向要约人做出。

二、图书馆对采用要约和承诺方式订立合同的管理

采用信件或者数据电文形式,通过要约和承诺形式订立合同虽有许多优点,但是采用这种方式订立合同无论就合同订立过程而言,还是就合同证据形式而言都有很大的不确定性。为防范合同风险和合同订立过程的风险,图书馆应当加强对该种缔约过程的管理。

（1）必须有订立合同的需求,方可对外发出要约或对要约人进行承诺。要约及承诺具有法律效力,一旦发出就意味着有可能使合同生效,届时如果企业不履行要约或者承诺,就可能面临被追究缔约过失责任或违约责任的风险。

（2）要约和承诺应当经由企业法律顾问或者律师审查。在采用信件或数据电文形式以要约和承诺方式订立合同的情况下,合同一旦生效,要约和承诺的内容将构成合同条款,如果没有企业法律顾问和律师把关,很可能给企业带来合同风险。

（3）严格管理自己的各种数据电文信息系统。根据《合同法》第十一条的规定,这些系统包括电报、电传、传真、电子数据交换和电子邮件。根据《合同法》

---

① 翟晓婷.谈当代高校图书馆建筑设计[J].山西建筑,2014(35):35－36.

第二十五条、二十六条、十六条、三十二条规定,采用数据电文形式以要约和承诺的方式订立合同,合同可以无须像合同书那样经过双方签字或者盖章才可生效,除非交易双方事前做出关于签订确认书的约定。从实务中看,传真虽可以盖章或者签字,但由于接收方收到的是复印件,其盖章或者签字已经不能成为有力凭证,电子邮件等不能直接用印。因此,笔者认为只要要约和承诺是从企业的系统中发出的,无论企业是否在电文上盖章或签字,都会对企业产生法律约束力。因此,企业应当严格管理好自己的各种数据电文系统。

(4)企业对外发出的要约最好明确规定承诺期限。根据《合同法》第二十三条的规定,要约规定承诺期限的,承诺应当在要约规定的承诺期限内到达要约人,要约没有规定期限的,承诺应当在合理期限内到达要约人。据此,如果企业在要约中没有规定受要约人承诺的期限,受要约人就享有在合理期限内承诺的权利,而合理期限在实务中是非常难以把握的,这就势必使企业处于一种被动不利局面。

(5)企业对外发出要约最好规定接受承诺的方式。根据《合同法》第二十二条的规定,如果要约规定了承诺方式,承诺应当按照要约的要求做出,如果要约没有规定承诺的方式,承诺根据交易习惯做出。实践中承诺可能是传真、电子数据交换、电子邮件、口头、行为等方式[①]。因此,根据《合同法》第二十六条、十六条、二十一条关于承诺生效和合同生效的规定,如果企业未在要约中明文规定承诺的方式,势必给企业的业务部门及时接受承诺和判断合同生效的时间带来影响。

(6)企业对外发出要约最好规定接受承诺的方式和接受承诺的系统及联系人。承诺的效力是承诺一经成立后就具有一定的法律效力,主要是指发生的时间与其效力的内容方面。生效时间理论界主要有发信主义和受信主义两种观点。我国立法采用的受信主义又称"到达主义",即承诺的生效是在承诺到达要约人之时,对于一些承诺并不需要进行通知。由此可见,在电子商务往来中,采用数据电文的形式所订立的合同,收件人指定特定系统接收的,该数据电文进入该特定系统的时间,视为承诺的到达时间。未指定特定系统的,该数据电文进入收件人的任何系统的首次时间,视为承诺生效时间。承诺到达则合同生

---

① 周波.数字图书馆个性化信息服务中的用户隐私保护[J].图书馆论坛,2008(5):126－128,21.

效,此时若行政部门与业务部门沟通不及时则会导致合同履行的延误,可能构成合同违约。

(7)为了节约缔约时间程序,企业对外发出要约时,可以在要约中载明哪些条款受要约人是可以变更的,并表明变更范围和幅度。这种明示方式既可以保护企业的合同利益,又可以加快缔约进程。

(8)正确使用电子签名签发要约和承诺。根据《电子签名法》第二条、第三条的规定,企业可以采用电子签名的方法签发要约和承诺,以有效证明发送的数据电文的真实性。企业也可以要求对方采用电子签名的方法签发数据电文,以确定接受电文的真实性[1]。

(9)企业在采用数据电文形式通过要约和承诺方式订立合同时,应当采取恰当的方式保管好这些电文,有关电文的内容就是合同的条款。根据《电子签名法》第四条、五条、六条的规定,将可以随时调取查用的数据电文,视为符合法律、法规要求的书面形式;将能够有效地表现所载内容并可供随时调取查用,内容保持完整、未被更改的数据电文视为满足法律、法规规定的原件形式;电文格式与其生成、发送或者接收时的格式相同,能够准确表现原来生成、发送或者接收的内容,能够识别电文的发件人、收件人,以及发送、接收的时间的数据电文,视为满足法律、法规规定的文件保存要求。

企业在合同实务中应严格区分,通过数据电文进行的协商与通过要约和承诺方式订立的合同。协商是通过数据电文进行谈判,达成一致意见后双方仍要以签字盖章的方式订立合同书,而要约与承诺是具有严格法律意义的。因此,以数据电文形式通过要约和承诺方式订立的合同,仅适用于标准的物质量规范、双方有一定交易基础的货物买卖合同的订立。

第五节　加强合同管理的方法和措施

随着建筑市场竞争日趋激烈,建筑施工企业要生存和发展,提高合同管理水平、提高成本控制能力是关键。因此图书馆建设单位要加强管理制度建设,

---

① 尹航.基于 BIM 的建筑工程设计管理初步研究[D].重度:重庆大学,2013.

特别是加强施工合同管理工作,增强工作人员的合同管理意识和风险意识,提高建筑工程施工合同管理水平。这是实现施工企业获得生存和发展并取得良好的经济效益的基础。本节阐述建设工程施工合同管理的内容,从而就建设工程施工合同管理中存在的问题进行详细分析,并提出加强建设工程施工合同管理、成本控制、提高企业效益的建议。最后举例说明合同管理中关于工程索赔的几个问题,以供读者参考。

一、图书馆建设工程施工合同管理概述

图书馆建设工程施工合同管理是指对施工过程中的合同的策划、签订、履行、变更、索赔和争议等进行全过程的监督与管理。按对象的不同,图书馆合同管理可分为单项合同的管理和整个施工项目的管理两个层次。其中,单项合同的管理是指当事人从某个合同开始订立到履行结束的过程进行的管理。而整个施工项目的合同管理是指从工程项目的合同总体目标出发对项目合同进行管理控制。按合同管理时间的不同,划分为三个阶段,即事前策划、谈判阶段,事中履行阶段,事后总结阶段。

二、图书馆建设工程施工合同管理中存在的问题分析

(一)缺乏相关法律知识,施工合同签订不规范

由于图书馆建设工程投入资金大,且涉及面较广,若施工合同签订不规范,双方发生矛盾和纠纷时,将会得不到法律的保障,从而给企业造成无可挽回的损失。因此,在签订施工合同时,应要求合同在符合国家法律、法规的前提下,尽可能细致而明确,避免出现合同违规、漏洞,造成不必要的经济损失。然而,在施工合同签订过程中,往往由于缺乏相关的法律知识和管理经验,导致施工合同条款约定不全面、双方的义务权利不清等问题。另外,在一些建设项目招投标过程中,有些单位为了获取非法的经济利益,签订了多份"阴阳合同",这些合同的签订,在发生工程合同纠纷案件时,自身利益将无法得到法律的保障。

(二)合同存在着不平等条款

施工合同签订以后,双方将会根据合同来约束对方,按照合同约定来履行相关的义务。在合同履行当中,如果发生矛盾和纠纷,双方都可以按合同约定的方式提起诉讼或调解。而如果双方在合同签订中存在着不平等条款,很容易

导致出现违背合同条款的行为,从而产生合同纠纷①。

（三）缺乏完善的合同管理制度

一些图书馆建设单位不重视施工合同管理,在合同签订时,缺乏有效的规章制度约束,合同中存在不规范、签订权限不明确等问题。同时不重视合同审查以及评价,缺乏完善的合同管理监督检查制度,从而极易造成施工合同违规或出现漏洞的情况。

（四）管理人员缺乏合同管理经验

由于施工合同涉及专业众多,包括建筑技术、经济、法律等,因此,合同管理人员要具备相关专业技术知识,否则难以对合同进行全面的审查。同时,施工合同还涉及多个专业的技能,而一个人的经验是有限的,难以全面掌握好施工合同管理的相关知识和技能,为此,需要建立一个专业团队来完成施工合同的管理工作。

三、加强图书馆建设工程施工合同管理、提高企业经济效益的方法

（一）严把合同的签订关

在施工合同签订时,建设企业要结合工程的具体特征,组建专门的施工合同签订团队,通过各自专业的经验来选择适当的价款调整方式,以实现工程造价的效益最大化。在合同起草时,应组织工程技术、工程造价、法律等人员来共同拟订,并通过一定的方式对合同文本进行研究,若合同条款不规范或不平等,会对己方造成经济损失,应采取相应的措施进行谈判,维护自身的合法利益。

（二）做好合同的实施工作

施工合同签订以后,要加强施工合同实施的管理力度。施工合同已明确了施工的价款、结算方式、结算周期,以及施工合同实施过程中的一些不可预测的因素,因此,在施工合同签订以后,要确保有专门的管理人员负责合同的实施和管理。合同管理人员还要充分熟悉和理解合同中的相关内容,按照合同中规定的权利和义务开展工程建设工作,规范施工合同的实施管理工作。此外,管理人员还要对合同的实施过程进行全面的跟踪、监督,一旦发现有违约行为或与合同规定内容不符的情况,要及时将消息反馈给相关部门,采取相应措施进行

---

① 李新.关于图书馆建筑人性化设计的思考[J].中华民居,2012(6):87.

纠正,并将相关情况汇报给上级主管部门。

（三）加强对合同实施的评估

在合同管理过程中,企业应高度重视合同的实施评估工作。这是因为合同实施的评估是对合同实施经验和教训的总结,合同实施过程中,好的经验可以借鉴,同时对于己方不利的条文或者违反法律规定以及容易引起对方索赔的条文进行针对性的改进,这是合同实施评估的目的。

（四）加强对合同索赔的研究

在合同履行过程中,要充分认识施工工程索赔和反索赔的重要性,着重培养工程索赔和反索赔的意识和技能。施工合同是索赔的依据,索赔则是合同管理的延续。因此,提高索赔意识是合同管理的重要内容。施工合同签订以后,也就确定了合同价款和结算方式等内容,索赔和反索赔的风险也就同时存在,在这样的情形下,我们需要考虑影响施工造价的因素,即工程设计变更或签证,以及工程实施过程中各种不确定因素对工程造价的影响,因此,我们需要深入理解合同的各个条款,加强工程合同管理,充分研究合同中不确定因素造成的风险,尤其加强对索赔与反索赔的研究,实现工程造价控制管理目标。

例如,施工合同执行过程中,经常发生工程设计变更或签证及不可预见因素,使企业蒙受经济损失,此时承包方依据合同有权向业主提出经济、工期等的索赔。举例如下。

(1)自然灾害。地下室基础施工时,由于台风、暴雨导致基坑大面积积水,造成无法施工,此时承包方有权向业主要求顺延工期,提出"工期索赔"要求。

(2)特殊风险。合同文件中规定应由业主承担责任风险的事件发生时,承包方可就工程及材料的付款,中断施工的损失、修复和重建费用,以及施工机具、设备的撤离费及合理的人员遣返费等费用进行索赔。

(3)不利自然条件。不利自然条件是指建设企业在投标阶段利用招标文件中提供的资料无法预见一些不利施工条件。如地下水、天然溶洞、地质断层等,从而要变更原定的施工方法,增加工程量,此时,承包方可就工期和费用进行索赔。

（五）规范合同签订审核工作

企业应组织技术、经济、法务专家,依据相关法律法规及招标文件和本企业以往的经验总结,形成规范的合同审批流程。对合同条款进行审核时,重点审核条款是否真实、齐全,与法律、法规的符合性,并提出合同实施过程的注意事项和风险。如对不合理的条款及时纠正和完善,使建设工程施工合同在实施中避免出现合同纠纷和违约,减少企业造成不必要经济损失的风险。同时,企业应建立、完善合同管理组织机构,及时总结合同实施中的经验和教训,提高施工合同的管理工作水平,为企业发展、提高经济效益和成本控制提供技术保障。

综上所述,在激烈的市场竞争中,建筑施工企业要获得市场地位,合同管理是关键环节。合同管理能力高低直接关系到企业的生存和发展,因此,在工程施工合同管理过程中,我们一定要紧密结合合同法及相关法律、法规,加强合同履行中的监督、管理,强化风险意识,建立、完善合同管理体系,及时总结经验教训,依据合同精神努力维护自身的合法权益,以提高施工企业的社会竞争能力,提高企业的社会效益和经济效益,促进企业的可持续发展[①]。

四、图书馆建设项目实施过程中合同的管理与控制

图书馆建设项目合同在工程项目实施过程中发挥着非常重要的作用,合同明确了业主和承包方在施工过程中需要履行的责任和承担的义务,而且合同作为具有法律效力的文件,建筑工程项目实施过程也是合同的实施过程,因此需要合同双方按照合同条款约定来完成各自的合同责任。在图书馆建设工程项目整体实施过程中都要做好合同的管理和控制工作。

(一)参与落实计划

图书馆建设项目合同的实施需要由合同管理人员与项目其他职能人员制订完善的合同实施计划,共同来落实,为各工程小组及分包商的工作提供便利。如对施工现场中的施工各要素进行合理配置,科学地安排工序间的有效搭接,并做好一些必要的准备工作,从而为合同的有效实施打下良好基础。

(二)协调各方关系

在合同规定的范围内需要做好相关人员工作关系的协调,如解决对合同责任界面之间的争议、工程活动之间时间和空间上的不协调问题等。在合同执行过程中,还经常会出现承包商与业主,业主与供应商、分包商等之间因为合同中没有明确规定的工程活动责任而互相推诿,从而引发争议的情况,此时也需要

---

① 王世伟.当代图书馆建筑设计中应理性处理的各种关系和矛盾[J].图书馆论坛,2006(6):269-272.

合同管理方做好各方关系协调工作。

（三）指导合同工作

工程项目合同管理人员要针对各工程小组和分包商做好合同指导工作,做好合同解释,及时发现合同履行过程中存在的问题,并提出具体的建议和意见。在合同管理工作中,合同管理人员在合同实施过程中起引导和督促的作用,其管理的目标可有效地将各方在合同关系上联系起来,防止合同履行过程中存在漏洞,确保工程项目更好地完成。

五、加强图书馆建筑工程项目合同管理的措施

（一）增强全员管理意识

图书馆建筑工程项目实施过程中,需要指派专人来负责合同的管理。但当前无论是工程项目责任人,还是合同管理人员对于合同管理意识都十分薄弱,这在一定程度上影响了合同管理水平的提高。因此,需要全面加强合同管理的培训工作,强化与合同相关的法律法规的教育,从而做到依法签订合同,并在合同签订后依法履约,将合同管理作为一项重要工作,以有效地避免合同管理不力给企业带来经济损失的情况。

（二）健全建筑工程项目合同管理制度

图书馆合同管理工作涉及的内容较多,而且管理环节十分烦琐,任何一个环节出现问题都会对合同的执行带来较大的影响,而且还会损害双方的合法权益。因此对于建筑企业来讲,需要进一步强化合同管理,建立健全具有较强操作性的合同管理制度,使合同管理工作能够有章可循,确保合同管理的规范性。

建筑企业在完善合同管理制度过程中,需要建立合同交底制度、责任分解制度、每日工作报送制度及进度款审查批准制度等,而且在合同签订后,合同管理人员需要对项目管理人员和各工作组负责人进行合同交底,针对合同的内容和具体条件进行解释和说明。并针对合同时间的责任进行分解,将分解后的责任落实到每一个工作小组头上,对其工作范围和责任进行明确,确保合同任务在层层分解过程中能够落实到每一个人,使大家积极配合共同完成合同的具体内容。同时各职能部门在合同执行过程中需要将本部门的工作情况报送给合同管理部门,使合同管理人员能够及时掌握合同履行情况,并针对存在的问题采取切实可行的措施加以解决,确保合同的顺利实施。

(三)建立动态管理制度

合同变更在图书馆建筑工程项目实践中是比较频繁的,而合同变更往往会导致索赔纠纷,因此在合同签订以后,合同管理人员还要对建设工程项目合同进行动态管理,重点把握四个方面。

(1)重视现场签证。在按照合同条款支付时应该防止过早、过量签证,特别是合同变更补充协议的签证须格外谨慎,签证必须依据相关合同条款衡量,起到相互制约的作用。尤其要重视设计变更与施工图错误,此类签证只需签变更或修正的项目,原图纸不变的勿重复签证,已经下料和购料的,务必签写清楚材料名称、规格、型号、数量、变更日期、运输情况、到场情况、成品情况、有无回收或代用等详细情况。

(2)及时记录、收集和整理工程所涉及的各种文件(如图纸、计划、技术说明、规范、变更指令等),对合同变更部分进行审核与分析。在实际工作中,合同变更应该与提出索赔同步进行,须业主与承包商双方达成一致后再进行合同变更。

(3)及时处理停工损失(包括由非承包商责任造成的停工损失),双方按合同约定的时间以书面形式,按合法程序签认停工的相关具体内容。

(4)严格执行定额规定,对于未对定额进行规定的情况,应根据工程实际情况或者参考相同类定额及有关的规定做出补偿。

在建筑工程项目实施过程中,合同管理作为项目管理的核心所在,需要工程各项管理工作都围绕着合同这个核心来开展。因此需要加强建筑工程项目合同管理,并在实际工作中利用新方法和新技巧不断提高合同管理的水平,确保合同各方都能够认真履行合同约定的条款,以此来有效降低合同风险,维护建筑市场的正常循序,为工程项目的顺利实施奠定良好的基础。

第六节　案例分析:新疆图书馆二期改扩建工程项目合同管理

一、新疆图书馆二期改扩建工程概况

(1)工程项目名称:新疆图书馆二期改扩建工程。

（2）工程项目建设地点：乌鲁木齐市高新开发区北京南路78号。

（3）工程项目组成及建筑规模如表5-1所示。

表5-1　新疆图书馆二期改扩建工程项目情况

序号	工程名称	单位	工程数量	建筑规模（层数、高度）
1	图书馆主楼	栋	1	地上5层，地下1层，总高度26.80m
2	阅览室（新建）	/	1	地上5层，地下1层，总高度26.80m
3	综合楼（新建）	/	1	地上6层，地下2层，总高度26.80m
4	阅览室（改建）	/	1	地上4层，地下1层，总高度22.30m
5	书库（改建）	/	1	地上12层，地下1层，总高度34.80m

（4）主要建筑结构类型如表5-2所示。

表5-2　新疆图书馆二期改扩建工程建筑结构类型

序号	工程名称	基础	主体结构	设备	电气	装修
1	图书馆主楼	独基、条基	框-剪结构	/	/	/
2	阅览室（新建）	独基、条基	框架结构	/	/	/
3	综合楼（新建）	独基、条基	框-剪结构	/	/	/
4	阅览室（改建）	独基、条基	框架结构	/	/	/
5	书库（改建）	独基、条基	框架结构	/	/	/

二、新疆图书馆二期改扩建工程合同与信息管理

（一）合同管理措施

（1）弄清合同中每一项内容，明确各方面的责、权、利，正确处理三方关系。

（2）用书面指示或文件代替口头指示。

（3）灵活考虑各类问题，管理工作做在其他工作前面，如需某项资料时提前发出索取信函等。

（4）工程进行中细节的文件资料包括信件，会议记录，建设单位的规定、指示，总监的规定，承包单位的请求、报告，监理的指令、记录、信函以及各种报表

资料等,有关方一旦发生争执,监理工程师以此资料和记录作为调解问题的依据。

(5)对合同中词意表达"含混"字句及时提出正确解释。

(二)合同管理制度

(1)向有关单位索取合同副本,了解掌握合同内容,以便进行合同跟踪管理,包括合同各方面执行情况检查,向有关单位及时准确反映合同信息等。

(2)审核工程设计变更和核定承包单位申报的实物工程量。

(3)督促承包单位落实工程进度计划,根据工程进度计划进行实际值与计划值的比较、分析,提出意见,并准确及时提供合同执行情况的有关资料。

(4)随时向总监理工程师报告工作,并准确及时提供有关资料。

(5)本工程合同执行情况每月在建设监理月报中反映。

(三)索 赔

为了维护建设单位的利益,保证建设单位与各方签订的合同顺利进行,减少索赔事件的发生,应努力做好以下工作。

(1)协助建设单位审查建设单位与各方签订的合同条款有无含混字句及分工不明、责任不清的地方,索赔条款是否明确,为做好索赔创造条件。

(2)协助建设单位督促各方严格按合同办事,以达到控制质量、进度和投资的目的。

(3)在工程实施过程中,严格控制工程设计变更,尽量减少不必要的工程洽商,特别是控制有可能发生经济索赔的工程洽商。

(4)对于有可能发生经济索赔的变更和洽商,事先报告建设单位,在征得业主同意的前提下,再签认有关变更或洽商。

(5)在本工程(或分部工程)完成以后,进行工程决(结)算,本着合理合法、实事求是的原则,划清索赔界限,处理好索赔争议。

(四)信息管理制度

(1)信息管理员负责本工程实施阶段全过程的信息收集、整理,按规定编目。

(2)总监理工程师组织定期召开工地会议或监理工作会议,信息管理员负责整理会议记录,并经总监理工程师签认打印分发。

(3)专业监理工程师定期或不定期检查承建单位的原材料、构配件、设备的质量状况以及工程质量的验收签认。

（4）专业监理工程师督促检查承建单位，及时整理施工技术资料。

（5）信息管理员随时向总监理工程师报告工作，并及时准确地提供有关资料。

第六章 图书馆建设项目监理管理

第一节 项目监理单位管理原则

工程管理(监理)的核心工作是施工技术管理,而施工技术管理的核心是计算和规则。没有科学、严谨的计算并遵循一定的规则,就无法保证施工方案的可靠性。同时,技术管理必须遵循一定的原则,如系统性原则、预留冗余量原则等,这些原则可以保证技术管理的合理性和安全性。另外,技术管理还要抓住工程的要点和关键环节,才能有效避免安全质量事故的发生。

一、技术的定义及内涵

技术是为了完成某种特定的目标而协调动作的方法、手段和规则,由此形成完整体系。

技术包括以下几个概念:

(1)技术是人类基于实践的一种有意识的活动;

(2)技术是以客观自然规律为基础,又是客观自然规律的运用;

(3)技术是打上人类印记的创造性产品;

(4)技术既包括工具、机器等物质手段,也包括组织管理和操作方法等非物质因素,还包括技术文化;

(5)技术不是单个的具体技术,而是指技术的整体和体系。

二、技术管理在监理工作中的地位

（一）技术管理是监理管理的核心

一般的观念认为，工程监理的主要工作是综合管理，技术管理是施工单位的事情。实际上，监理的"三控两管一协调一履行"等管理工作，都是建立在技术管理基础上的。比如，监理要"协调"某项工作，就必须熟悉施工工序之间的逻辑关系和间歇时间；监理要"履行安全职责"，就必须对安全技术方案的可靠性进行审核。没有技术管理，监理的其他管理工作无从谈起[①]。

（二）计算和规则是技术管理的核心

1. 计算

几乎所有的技术管理（特别是施工技术）都离不开数学和计算，如边坡稳定、脚手架校核、大体混凝土热工计算、吊装方案、轴系扬度、电气定值等都建立在严谨计算的基础之上。实际上，所谓的计算公式就是人类发现的数学规则，比如傅里叶级数等，同时也是自然界的规律，如电气的谐波就和傅里叶级数是吻合的。当然，数学还有更深层次的拓扑学、数学分析、离散分析等。这些都是专业研究的内容。总之，没有严谨准确的计算，技术管理就失去了基础。

2. 规则

技术管理除了遵循严谨的计算外，还要遵循规则。在施工技术管理方面，规则就是各类规程规范规定的典式和法则。这些规则往往是几十年甚至几百年来人类进行工程建设积累的经验教训和关键点。比如，吊装钢丝绳规范规定安全系数为 6～8 倍，而不是常规的 1.5 倍左右，是因为以前按计算是满足要求的，但实践中屡屡出现问题，所以就要加强，并制定成规则。其他类似的还有脚手架的构造要求（步距不大于 1.8 m）、屋面防水卷材上翻高度（350 mm）、抬吊单机不能超过额定负荷的 80% 等。

三、图书馆监理技术管理的原则

（一）以技术方案和措施为基础的原则

要保证工程的安全、质量和进度，施工方案和措施的准确、完整和可靠性是

---

①　杨振远,王瑞.图书馆建筑选址新论[J].河北科技图苑,2007(2):10-13.

关键。技术方案不可靠,实施过程就会出现问题,而且技术方案一旦出现问题,就会导致严重的后果,技术管理者包括监理的责任都非常大。

（二）技术管理要坚持系统性的原则

技术管理有它的系统性。广义的系统性范围较广,这里不做描述。狭义的系统性是指技术管理要覆盖施工过程的每个环节,技术管理不能仅关注某个环节或某个点。技术管理的系统性同样适用木桶理论:高度最低的木板决定木桶是不是能装水、能装多少水。

以吊装作业为例,机具起吊能力、钢丝绳的直径,卸扣、吊耳、吊物的生根点都必须经过严格的校核计算,否则,任何一项不符合要求,形成短板,都会导致整个作业的失败。

（三）技术管理要坚持预留冗余量的原则

技术管理必须预留一定的冗余量。目前,市场上的材料、设备规格尺寸大多处于负公差状态,如脚手管直径和壁厚、扣件、可调托撑、钢丝绳直径等。但在参数计算时是取标准尺寸计算的,而实际使用的明显达不到标准要求,所有的负公差累积在一起,就会出现问题;加上现阶段工人作业水平普遍下降,如扣件扭力不足、钢丝绳保养不善等,这就更容易出问题。因此在审核方案时要预留冗余量。比如,对支撑脚手架进行校核时,长细比验算的 λ 值不能太接近210;抗压强度计算值 f 不能太接近抗压强度设计值 205 N/mm^2。建议预留15%左右的余量。

（四）技术管理执行"就高（标准）不就低（标准）"的原则

实施过程中执行标准的问题,一直存在争议。如土建专业自身不同标准之间的差异（如大体积混凝土规范和混凝土结构施工及验收规范对测温点的要求不同）、土建和安装之间的差异、行业之间标准的差异等。如何执行这些标准,作为监理,原则上应该采取"就高（标准）不就低（标准）"的原则。

如国家能源局发布的《电力建设安全工作规程》（2015 年 3 月 1 日实施）中,对超过一定规模的危险性较大分部分项工程的部分标准进行了调整。如原建设部 87 号文规定起重量超过 300 kN 及以上的起重的设备安装属于超过一定规模,要组织专家评审,而《电力建设安全工作规程》规定起重量超过 600 kN 及以上的起重机械属于超过一定规模,两者标准差异较大。但建议在实施中还是应该按建设部高的标准执行,采用 300 kN 的标准。

（五）技术管理要充分利用社会技术管理资源

对技术要求高、风险大或专业性很强的项目,应充分利用各种社会技术管理资源。在任何单位和项目部,专业技术管理人员都有其管理的专业局限性。对一些技术要求高、风险大或专业性很强的项目,如果自身没有十分的把握,可以采取邀请专家会审或向专业机构咨询的方法来处理。专家的范围可以来自行业内、图书馆或科研机构等。通过专家会审可以使施工技术、施工方案更合理、更可靠、更严谨。

四、图书馆监理技术管理的要点

（一）图书馆技术管理要抓住工程的特点

在审查重要的施工方案时,要注意针对相关工程的特点和关键环节,对涉及安全和质量的重点问题进行详细审核,及时发现方案中的错误及不合理处。

以顶管和盾构为例,两者工艺相近,但各有特点。

1. 顶管的特点及关键环节

顶管工艺的特点:顶进设备位置固定;顶进距离越大,顶力越大;如果在方案设计时计算错误或采取的减阻措施不当,将导致顶管失败,无法到达接收井或水体内。因此,顶管施工方案的审查重点是顶力计算和减阻措施。如果计算下来顶力不符合要求,就需要增设中继装置。

2. 盾构的特点或关键环节

盾构施工的特点:盾构设备是移动的;随着盾构的推进,工具头向前移动;除了前期负环时的推进有些特殊外,正常情况下,盾构工具头仅需克服端部阻力和工具头段侧壁阻力(该阻力的特点是基本固定、数值较小)。但是由于盾构环片是现场拼装的,接缝非常多,任何一个接缝出现大的渗漏,就会出现管涌、流砂现象,导致盾构失败,甚至头部作业工人的安全也无法保障,后果不堪设想。

以 1 000 m 长、直径 4m 的盾构为例,盾构环片宽一般为 0.9m,每环有 6 块环片拼接而成,共有 6 个纵向接缝,纵、横接缝总长度将达到 19 933 m。也就是说,这近 20 000m 拼缝有一处出现问题,都会导致灾难性后果。因此对盾构控制的重点是环片间防渗漏处理和相关的应急预案。

（二）图书馆审核技术方案时要注重对基础数据的校核

监理审核施工单位技术方案时，应注意校核基础数据的准确性。施工单位参数取值有两种情况。第一种是计算参数直接从类似工程拷贝过来或未仔细核对，一些基础数据是错误的。例如，在计算某工程主厂房脚手架时，混凝土板厚的数据为 100 mm，而本工程设计的实际板厚为 120 mm，这显然是套用了其他工程的参数或没仔细核对图纸造成的。第二种是参数选择错误或弄虚作假。这些参数选用错误，将导致错误的结果，施工中就会出现问题。

（三）利用软件辅助计算时要注意甄别取舍并进行复核

目前，各类工程类计算软件应用非常普遍，如建筑施工安全设施计算软件、脚手架计算软件、边坡稳定分析软件等，但这些软件只能作为参考。在正常进行工程校核计算的情况下，应采用两种以上软件进行独立计算，并在此基础上进行手工计算校核。如对深基坑支护的稳定性采用启明星等软件计算校核后，还要采用瑞典条分法进行复核，避免出现系统性错误，确保校核计算的可靠性。

第二节　项目监理单位管理措施

一、图书馆建设项目监理的安全管理措施

（1）强化对监理重要性的认识。相关施工单位、实际单位和主管部门应该重视监理工作，在工程招标和设计初期就应该选择符合要求的监理单位参与到整个房建工程的项目中来，扩大监理单位的管理权力和职责。这样才能充分发挥监理的作用，做到对工程全方位的掌握，确保工程的全面安全管理。

（2）建立奖惩机制。在施工现场建立一套奖惩制度，在监理管理人员内部和现场施工人员之间同时展开。对在安全管理中表现好的施工队伍和监理管理团队进行奖励，对表现差的队伍进行相应的处罚。在保证工程质量的前提下，做到整个房建工程的有效安全管理。以此提高监理管理团队和施工队伍的工作积极性和安全管理意识。

（3）培养专业化的监理管理队伍。专业化的监理管理队伍是房建工程安全和顺利完成的重要保障措施，是一切安全管理措施专业化和有效化的基础。首

先,要加强专业监理人才的培养力度,只有通过专业化的人才培训才能培养出专业化的监理人才,丰富监理人才队伍,提高监理的安全管理水平,才能提升他们的服务水平。其次,对已有的监理人员要定期进行专业化培训,提高他们对房建工程的安全管理水平,促进工程安全高效完成。除了培训,还需要对监理人员进行定期考核,考核通过的监理人员可以持上岗证参与工程监理管理;考核不合格的人员应取消其上岗证,并参加培训,重新进行考试。除专业知识外,还应培养监理人员的责任意识和工作素养,提高监理人员对工作的敬业意识,保证安全管理工作切实有效进行。

(4)完善监理安全管理制度。首先,面对问题要有一个完善稳定的安全管理制度,这是实行其他安全管理措施的前提和保证。明确监理单位的性质,对监理单位的职责有明确的划分,将有助于管理和沟通。只有明确监理的职责,监理才能顺利高效地开展工作,同时明确职责还有助于督促监理人员加强自身责任心,让他们对工作更加认真负责。另外,对监理人员进行统一的管理,建立切实有用的管理组织,形成监理管理层,这样能保证监理单位有一个稳定的管理系统,避免人员流动性过大带来安全管理问题。

(5)加强监理的安全管理措施。在房建工程施工过程中,监理担任着极为重要的安全管理职责。首先,监理人员要做好施工过程中的各项安全监管工作,及时发现施工中的安全隐患,并采取相应的措施进行处理。其次,监理要对施工技术人员进行安全检查,包括施工安全防护设备、施工操作安全规程、施工现场器械使用安全方法等。防止由于施工人员的安全意识不到位而导致安全事故发生。对不按规定进行安全操作的施工人员要禁止其进入施工现场,并要求进行安全防护检查①。最后,监理要做好施工过程中的各项安全管理记录,并每天进行备案,以备后续有据可查。

总之,房建工程监理单位的严格安全管理直接影响着房建工程的顺利保质完成和施工人员的人身财产安全。实际工作中,应聘用符合要求、有资质的监理单位,明确监理单位的安全管理职责,建立稳定的监理管理体系。只有严格按照相关施工要求进行安全施工,同时对工程中安全防护措施、器械的安全使

---

① 王世伟.当代图书馆建筑设计中应理性处理的各种关系和矛盾[J].图书馆论坛,2006(6):269-272.

用都做到合理监管,并做好相应的安全监管记录,方可保证施工安全、高质。

二、图书馆建筑工程监理安全风险的类别及成因探究

(1)管理风险。通常情况下,建筑工程的施工周期普遍较长,并且施工流程中的不确定因素较多,而施工质量会受其直接影响,因此建筑工程从本质上来看,具有一定的特殊性,而项目监理部门并不以单位为主体,规划工作重心及分配工作任务,都是由监理工程师全权负责的,因此其工作效率与总监理工程师的个人能力是息息相关的,相对的项目监理机构承担的责任风险也是相当大的,因此不难发现,监理单位职能作用的充分发挥,是监理机构开展日常工作的首要前提。监理单位在实际工作中:①要为项目监理机构提供基础性工作安排;②要对其安全监管行为进行规范化管理。只有从客观角度上对项目监理工作进行精准定位,才能使其突破工作界限,这就需要不断强化对项目监管机构的管理及指导,并从制度约束力入手,降低监管工作中安全责任风险的发生频率。

(2)行为风险。监理工程师是开展监理项目的重要参与者,只有他们从自身行为上进行规范化约束,才能确保其职责范围的不断拓展,因此,监理工程师应当按照相应法律法规对自身行为进行科学化管理,承担起监理重责,最大化的降低失误风险。建筑工程的施工现场是推进施工流程的必要场合,所以这也就成为安全事故频发的风险区域,在该种情况下,如果监理工程师本身缺少对工作的正确认识,并未能从思想上认定监理工作的重要性,将会直接导致安全风险的高危存在,进一步增加施工现场的安全风险,更为严重的是,当安全问题发生后,若处理工作不能及时到位,并且处理流程过于粗放化、针对性不强的话,就会为后续施工种下祸根,必然发生安全事故。由于监理工程师在监理环节出现工作失误,发生工程安全事故的,并由此引发的人身及财产损失,是需要监理工程师负责的。

(3)工作技能风险。建筑工程中的监理工作是为项目监管提供重要指导的技术型工作类型,虽然部分监理工程师在实际工作中会借助相关政策力量对自身行为进行规范化约束,同时他们也会根据合同内容对工作重心进行精准掌控,但是仅做到这些未必就能达到监理标准,在实际工作中由于监理工程师缺少专业优势,实践经验较少,使得监理技术的理论与实践运用之间存在一定的

偏差性,最终造成监理工程师的职能发挥受限,应用效果不理想的情况时有发生。在当今社会,经济技术不断发展,新型的应用材料不断增加,在一定领域中已经逐渐取代了老旧材料,而监理工程师若自身的专业框架长时间得不到优化提升,就会使得自身所掌握的知识及实用技能存在一定的滞后性特点。

三、图书馆建筑工程监理安全责任规避对策

(1)强化监理单位自身管理。建筑工程中安全监理责任的种类繁多,既要全面提高监理效率,确保质量达到预期标准,又要科学、合理地规避安全责任。首先,监理单位应当从自身出发,明确单位与监理工程师的安全监理范围及职责。在条件允许的情况下,加强对监理人员的专业化培训,鼓励他们不断接受、学习新知识;其次,为了避免安全监理风险的发生,监理单位需要从本身出发,严于律己,以相关安全监理规定为基础,在开展任何工作前都以政策内容为导向,从项目安全监理的实际情况入手,开展有针对性的监督检查工作,并不定时地去抽查安全监理工作,并在发现问题时能够及时将问题纠正。与此同时,监理单位还要从旁监督并督促其在保证时效性的基础上将问题消化处理,提高安全监理效率。

(2)监理单位在签订合同时就规避安全责任风险。①监理单位在确定是否接收监理任务时,需要从自身实际情况出发,当资质标准达到既定标准时,才可以承接监理工作,切不可强制或者采取不正当做法承接监理任务,这种合同一旦签订也是违法的。②在确定监理任务时,要从本身人员配置上入手,如果人员储备量达不到监理标准,就不能为了提高企业经济效益,盲目接收监理任务,这将会直接导致后期大量监理工作无法完成,即使完成了,工作效率也难以保证,并且很可能无法规避安全隐患。③在接收监理项目时,要在充分了解建筑公司运营状态及企业形象的基础上,明确监理难点及侧重点,并对是否需要正式接收该项工作进行综合考量,尤其是部分建筑公司徒有华丽外表,实际内里经济状况并不理想,或者部分建筑企业在行业中的口碑不好,在完成监理工作时会出现不如约付款的不良现象。对此,监理单位在承接监理工作时一定要慎重。

(3)安全监理工作中应注意的问题。①施工单位非法转包工程,监理单位应及时提出意见。目前施工单位的选择均采用招标投标的方式,施工单位一般

都具备安全生产资格。但在个别情况下,施工单位揽到工程后实施非法转包,在这种情况下,监理单位要及时向建设单位提出,并督促建设单位要求原中标企业按投标文件履行义务。②开工手续不全,总监理工程师不能签发开工令。总监签发开工令即意味着施工实施阶段的开始,证明监理机构认同施工单位已具备开工条件并做好了一切准备工作,包括安全准备工作。如果开工手续不全,总监同意了开工或者默许开工,本身就是一种违法行为,一旦发生安全事故,总监及监理单位势必要承担责任。

综上所述,导致监理工程师出现安全责任风险的影响因素具有多样化特点,风险来自各个层面,而监理工程师本身也会带来一定的风险,因此,这就需要从理论知识结构入手,对其责任进行类别划分,具体问题具体解决,促使监理工程师对其服务主体形成全面性认识,从而在岗位上不断应用专业技能,始终保持专业化的服务理念,直面责任风险,并采取积极有效的处理措施,将问题解决,从根本上消除责任风险,做好随时面对责任风险的准备。监理单位要做好安全监理培训工作,树立依法、依规、依标进行安全监管的理念,不断增强安全生产的责任意识和忧患意识,最大限度地降低安全监理风险,才能使监理企业在激烈的市场竞争中化险为夷,立于不败之地。

第三节　案例分析:新疆图书馆二期改扩建工程项目监理管理

本节以新疆图书馆二期改扩建工程项目中的监理管理为例。虽然监理工程师能够从主观上发挥其监理能动性,但是在实际工作中监理工程师的职能优势会被其落后的技能所限制,因此,若因监理工程师本身专业性不强,技术水平低而引发安全事故,由此造成的直接损失,由他们承担。

一、新疆图书馆二期改扩建工程项目建设中监理范围、内容及目标

(一)工程项目建设监理的范围

本工程为全部工程监理,包括土建、给排水、采暖、供配电弱电等工程。

（二）工程项目监理工作的主要内容

本工程项目监理单位承担的是施工阶段的监理工作，主要工作内容如下。

（1）根据投标文件审核施工单位项目管理班子资质和岗位设置，审核特殊工种上岗证，审核确认分包单位资质。

（2）认真熟悉图纸和相关文件，明确土建与设备安装、装饰相关部位及工序间的关系，明确工程的关键部位和施工难点，协助建设单位与承包单位参加设计图纸会审及设计交底，审查施工和安装承包合同。

（3）审查承包单位编制的施工组织设计、施工技术方案及施工进度计划，并监督检查其实施。

（4）审查承包单位或建设单位提供的材料和设备清单及所列的规格与质量，对不符合者不得使用在工程中，并提出更换要求。

（5）督促、检查承包单位严格执行合同和严格按照国家技术规范、标准、规程以及设计图纸文件的要求进行施工和安装活动。检查施工过程中的主要部位、环节以及隐蔽工程的施工验收签证，未经签证不得进行下道工序，控制工程质量，对违反规范、标准及安全规范者，有权向承建单位签发暂停施工指令，并及时向建设单位报告处理情况。

（6）对用于工程的主要材料、构件的出厂合格证，材质化验单等进行核定，如发现不合格，有权责成承包单位对材质进行化验，防止不合格的材料或构件等用于工程。

（7）检查工程采用的主要设备及关键材料是否符合设计文件或标书所规定的厂家、型号和规格以及质量标准，在承包单位订货时，认为有必要时可商请建设单位同意对生产厂家进行了解考查。

（8）根据《建筑安装工程承包合同》规定的施工进度计划，检查承建单位的工程进度及其填报的年、季、月等报表，并及时向建设单位汇报对工程进度执行情况的意见。

（9）对于重大的设计修改和技术洽商决定，除提出监理意见外，应向建设单位报告并得到建设单位的同意，设计修改应由原设计单位负责。

（10）根据《建筑安装工程承包合同》的付款规定，对已完工程的质量、数量进行核实，签认"工程价款结算账单"。

（11）监督检查工程的文明施工及安全防护措施，对不合格者督促承包单位定期整改。

(12)根据承包单位提出的阶段、部位、环节、各系统的分段工程提交检验、验收申请以及整体工程的竣工验收申请,负责组织初验,编写质量评估报告,签署竣工验收报告,参加建设单位组织的竣工验收,签署监理意见。

(13)督促检查承包单位完成各个阶段及全套竣工图的工作,整理各种必须归档的资料,同时及时收集整理监理归档资料,交建设单位备案及公司归档。

(14)协助建设单位主持与审查工程中出现的质量事故的处理,提出处理意见。

(15)监理人员常驻现场,实行全过程、全方位监理,发现问题及时解决,每月向业主提交监理月报,每周召开一次监理例会,把进度控制、质量控制、造价控制及合同管理、信息管理、安全生产管理的监理工作及现场文明施工措施管理落到实处,认真处理好质量、进度、造价三者之间的关系,把工程管理好。

(16)督促建设单位与承包单位履行签订的合同,主持协调建设单位与承包单位签订的合同条款的变更,调解本合同双方争议,处理违约索赔事项,索赔发生前,应向建议单位及时提出避免索赔的意见。

(三)项目目标

本工程力求达到以下目标。

(1)造价目标:暂按施工承包合同价24 524万元为控制目标。

(2)工期目标:2014年12月6日至2017年12月6日(日历天数1 097天)。

(3)质量目标:合格。

二、新疆图书馆二期改扩建工程项目建设中监理工作的依据

(1)工程建设方面的法律法规、建设规范;

(2)与建设工程项目有关的工程建设标准及项目审批文件;

(3)建设工程勘察设计文件、技术资料;

(4)《建设工程监理合同》《施工承包合同》及其他合同文件;

(5)《建设工程监理规范》GB/T50319-2013。

(6)当地工程建设政策、法规。

三、新疆图书馆二期改扩建工程项目建设中监理人员职责

本工程项目监理组织根据工程特点及公司的管理规定,由项目总监理工程师、专业监理工程师、监理员组成。

(一)项目总监理工程师的职责

(1)确定项目监理机构人员及其岗位职责。

(2)主持编制监理规划、审批项目监理实施细则。

(3)根据工程项目的进展及监理工作情况调配监理人员,检查监理人员工作。

(4)组织召开监理例会。

(5)组织审核分包单位的资格。

(6)组织审查施工组织设计、(专项)施工方案。

(7)审查工程开复工报审表,签发工程开工令、暂停令和复工令。

(8)组织检查施工单位现场质量、安全生产管理体系的建立及运行情况。

(9)组织审核施工单位的付款申请,签发工程款支付证书,组织审核竣工结算。

(10)组织审查和处理工程变更。

(11)调解建设单位与施工单位的合同争议,处理索赔,审批工程延期。

(12)组织验收分部工程,组织审查单位工程质量检验资料。

(13)审查施工单位的竣工申请,组织工程竣工预验收,组织编写工程质量评估报告,参与工程竣工验收。

(14)参与或配合工程质量安全事故的调查和处理。

(15)组织编写监理月报、监理工作总结,组织整理监理文件资料。

(二)项目总监理工程师代表权限

(1)负责总监理工程师指定或交办的监理工作。

(2)按总监理工程师的授权,行使总监理工程师的部分职责和权力。

(3)其中第××项不得委托给总监理工程师代表。

(三)专业监理工程师职责

(1)参与编制监理规划,负责编制本专业的监理实施细则。

(2)审查施工单位提交的涉及本专业的报审文件,并向总监理工程师报告。

（3）参与审核分包单位资格。

（4）指导、检查监理员工作,定期向总监理工程师报告本专业监理工作实施情况。

（5）检查进场的工程材料、构配件、设备的质量。

（6）验收检验批、隐蔽工程、分项工程,参与验收分部工程。

（7）处置发现的质量问题和安全事故隐患。

（8）进行工程计量。

（9）参与工程变更的审查和处理。

（10）组织编写监理日志,参与编写监理月报。

（11）收集、汇总、参与整理监理文件资料。

（12）参与工程竣工预验收和竣工验收。

（四）监理员职责

（1）检查事故单位投入工程项目的人力、主要设备的使用及运行状况,并做好检查记录。

（2）进行见证取样。

（3）复核工程计量有关数据。

（4）检查工序施工结果。

（5）发现施工作业中问题,及时指出并向专业监理工程师报告。

（6）做好监理日记和有关的监理记录。

四、新疆图书馆二期扩建工程项目建设中监理工作制度

（一）施工图纸会审及设计交底制度

（1）开工前,业主应根据合同要求向监理公司提交施工图纸及相关文件。

（2）项目总监工程师组织各专业监理工程师对图纸及有关设计文件认真熟悉、细致审核。重大工程由公司专家审图办组织专家与项目监理人员共同审核。

（3）图纸审核完后将审核意见书面通知业主,由业主召开集设计、施工、监理及其他相关单位参加的图纸会审。

（4）设计人员提出设计意图,重点注意事项,图纸中暂缺事项;业主对图纸提出审查意见;各专业监理工程师和施工单位向设计单位提出图纸中的各种问

题,并要求设计单位口头或书面给予答复。

(5)会议由施工单位专人记录,对到会人员及会议内容做详细记录,会后整理成文,交项目总监理工程师审核,经业主、施工和设计及项目总监理工程师签字,各单位盖章后存档,并作为施工依据。

(二)施工组织设计审核及审批制度

(1)开工前,施工单位将其上级主管部门批准的施工组织设计或施工方案交项目监理机构审核。

(2)接到报送的施工组织设计或施工方案后,项目总监理工程师应及时组织有关专业监理工程师共同进行审核,并将审议结果以书面形式回复施工单位。施工单位整改完善,符合要求后,专业监理工程师及项目总监理工程师按规定签署审批意见。

(3)审查施工组织设计或施工方案,应重点审核对保证工程质量是否有可靠的技术和组织措施。

(4)结合监理工程项目的具体情况,要求施工单位提交针对当前现场施工中的通病制订的技术措施和为保证工程质量而制订的质量预控措施。现场监理工程应师对这些措施认真审核,确保落实。

(5)对工程的重大或关键部位的施工,监理组应要求施工单位提出具体施工方案,经有关专业监理工程师审查认可后方可施工。

(6)施工组织设计或施工方案一经审定,即作为施工的依据,存档一份。

(三)开工、复工报告制度

(1)根据业主与施工单位承包合同的计划确定开工日期,在施工许可证已获政府主管部门批准,征地拆迁工作能满足工程进度的需要,施工组织设计已获项目总监理工程师批准,承包单位现场管理人员已到位,相具、施工人员已进场,主要材料已落实,进场道路及水、电、通信等已满足开工要求等施工前期准备工作完成后,施工单位应将其上级主管部门批准的开工报告及相关附件报项目监理机构审议。

(2)收到开工报审表资料后,项目总监理工程师应及时组织各专业监理工程师审议、认可,确已具备开工条件时,报经业主同意后,由项目总监理工程师签署开工报审表,通知施工单位开工。

(3)对于不经申请自行开工的施工单位,应下达书面通知予以制止,以保证该工程的有效监理和监理工作的顺利进行。

（四）成品、半成品检测制度

（1）建筑材料/构配件/设备进场时,必须具有正式的出厂质量证明文件,需复试的应按规定进行复试,并经监理工程师审核同意后方可用于工程上。

（2）进口材料必须有出厂质保书、技术资料、海关商检书以及相应的中文资料,并应按规范规定进行试验,否则监理工程师有权禁止用于工程上。

（3）审查各种半成品(砼、砂浆及耐酸、防腐、防水、装饰材料等)的配合比情况是否符合有关标准和设计要求,并以此作为监理依据,如遇特殊情况需改变配合比时,应经监理工程师确认。

（4）督促施工单位按国家施工质量验收规范规定,做好各项试件的留置工作,审查其结果是否符合施工验收规范和设计要求。

（5）督促施工单位严格按配合比用料,并做好计量工作。

（6）如遇特殊情况,需要进行材料代换时,施工单位应写出书面原因交监理工程师审核送设计部门审查同意,并办理设计变更文件,方可实施。

（五）见证取样送检制度

（1）监理人员应按规定对应进行见证取样和送检的试块、试件和材料进行见证取样和送检。

（2）见证人员应填写见证记录,并将见证记录归档。

（3）见证人员和取样人员应对试样的代表性和真实性负责。

（六）旁站监理制度

（1）对建设部《房屋建筑工程施工旁站监理管理办法(试行)》所规定的关键部位、关键工序必须实行旁站监理。

（2）旁站监理人员必须对需旁站监理的关键部位、关键工序的施工质量实施全过程现场跟班监督。

（3）旁站监理人员在旁站监理过程中应检查施工企业现场质检员到岗、特殊工种人员持证上岗以及施工机械、建筑材料准备情况;在现场跟班监督关键部位、关键工序的施工执行方案以及工程建设强制性标准情况;核查进场建筑材料、建筑构配件、设备和商品砼的质量检验报告等,并可在现场监督施工企业进行检验或委托具有资格的第三方进行复验。

（4）旁站监理人员应做好旁站监理记录和监理日志。

（5）旁站监理人员应及时向监理工程师或项目总监理工程师报告现场发生的质量、安全事故和异常情况。

（七）设计变更制度

（1）设计单位对原设计存在的缺陷提出的变更,应编制设计变更文件。

（2）其他变更由提议单位提出变更设计申请,经建设、设计、监理三方会审同意后进行变更设计。设计完成后由设计人员填写变更设计通知单,项目监理机构审核无误后签发"工程变更单"。当工程变更涉及安全、环保等内容时,应按规定经有关部门审定。

（八）工程质量检查验收制度

（1）监理工程师对施工单位的施工质量有监督管理的权力与责任。按施工质量验收规范进行检查验收。

（2）检验批,隐蔽工程,分项、分部工程完工后,经自检合格,施工单位填写各种工程报验申请表。

（3）检验批、隐蔽及分项工程由专业监理工程师组织施工单位项目专业质量(技术)负责人进行验收,符合要求的予以签认。

（4）分部工程由项目总监理工程师组织施工单位项目负责人和技术、质量负责人等进行验收;地基与基础、主体结构分部工程的勘察,设计单位工程项目负责人和施工单位技术、质量部门负责人也应参加相关分部工程验收,符合要求的予以签认。

（5）对施工中出现的质量缺陷,专业监理工程师应及时下达监理工程师通知,要求施工单位整改,并检查整改结果。

（6）监理人员发现施工存在重大隐患,可能造成质量事故或已经造成质量事故的,应通过总监理工程师及时下达工程暂停令,要求承包单位整改。整改完毕并经监理人员复查,符合规定要求后,总监理工程师应及时签署工程复工报审表。总监理工程师下达暂停令和签署工程复工报审表,宜事先向建设单位报告。

（九）工程竣工验收制度

（1）竣工验收的依据是批准的设计文件(包括变更设计),设计、施工有关规范,工程建设强制性标准,工程质量验收标准以及合同及协议文件。

（2）工程完工后,施工单位应自行组织验收,合格后按规定编写和提出竣工验收文件,并填写"工程竣工报验单"。

(3)项目总监理工程师组织有关人员对工程进行竣工预验收,预验合格后,签署"工程竣工报验单"及相应竣工验收文件,编制工程质量评估报告。由施工单位向建设单位申请竣工验收。

(4)参加由建设单位组织的竣工验收,提供相关监理资料。

(5)竣工验收合格后,由项目总监理工程师在竣工验收记录中签署竣工验收意见。

(十)安全审查核验制度

监理安全审查核验包括以下内容。

(1)审查施工单位编制的施工组织设计中的安全技术措施和危险性较大的分部分项工程安全专项施工方案是否符合工程建设强制性标准要求。审查的主要内容包括:

①施工单位编制的地下管线保护措施方案是否符合强制性标准要求;

②基坑支护与降水、土方开挖与边坡防护、模板、起重吊装、脚手架、拆除等分部分项工程的专项施工方案是否符合强制性标准要求;

③施工现场临时用电施工组织设计或者安全用电技术措施和电气防火措施是否符合强制性标准要求;

④冬季施工方案的制订是否符合强制性标准要求;

⑤施工总平面布置图是否符合安全生产的要求,办公、宿舍、食堂、道路等临时设施设置以及排水、防火措施是否符合强制性标准要求;

(2)检查施工单位在工程项目上的安全生产规章制度和安全监管机构的建立、健全及专职安全生产管理人员配备情况,督促施工单位检查各分包单位的安全生产规章制度的建立情况。

(3)审查施工单位资质和安全生产许可证是否合法有效。

(4)审查项目经理和专职安全生产管理人员是否具备合法资格,是否与投标文件相一致。

(5)审核特种作业人员的特种作业操作资格证书是否合法有效。

(6)审核施工单位应急救援预案和安全防护措施费用使用计划。

对于上述施工单位提交的有关技术文件及资料,监理人员应认真进行审查核验,并由项目总监在有关技术文件报审表上签署意见;审查未通过的,安全技术措施及专项施工方案不得实施,施工单位擅自施工的,应及时下达工程暂停令,并将情况及时书面报告建设单位。

(十一)安全检查制度

1.安全检查的内容及频次

(1)监督施工单位按照施工组织设计中的安全技术措施和专项施工方案组织施工,及时制止违规施工作业;

(2)日常巡视检查时,必须将安全情况作为巡视检查的重要内容,进行认真检查。

(3)对施工过程中的危险性较大工程作业情况,应定期巡视检查,并将检查情况记入安全检查记录。

(4)每周对施工现场各种安全标志和安全防护措施是否符合强制性标准要求进行一至两次全面检查,并将检查情况记入安全检查记录。

(5)核查施工现场施工起重机械自升式架设设施和安全设施的验收手续,并由安全生产管理人员签收备案。

(6)检查安全生产费用的使用情况。

(7)督促施工单位进行安全自查工作,每月对施工单位自检情况进行抽查。

(8)参加建设单位组织的安全生产专项检查。

2.安全检查中发现的安全事故隐患的处理

对于检查中发现的各类安全事故隐患,应书面通知施工单位,督促其立即整改,并报告建设单位;情况严重的,应及时下达工程暂停令,要求施工单位停工整改,同时报告建设单位。安全事故隐患消除后,应检查整改结果,签署复查或复工意见。

施工单位拒不整改或不停工整改的,应当及时向工程所在地建设主管部门或工程项目的行业主管部门报告,以电话形式报告的,应当有通话记录,并及时补充书面报告。

3.安全检查记录

监理人员应将安全检查、整改、复查、报告等情况及时、认真地记载在检查记录、监理日志、监理月报中。

(十二)工程进度监督审核制度

(1)总监理工程师审批承包单位报送的施工总进度计划。

（2）总监理工程师审批承包单位编制的年、季、月度施工进度计划。

（3）专业监理工程师对进度计划实施情况检查、分析。

（4）当实际进度符合计划进度时，应要求承包单位编制下一期进度计划；当实际进度滞后于计划进度时，专业监理工程师应书面通知承包单位采取纠偏措施并监督实施。

（5）总监理工程师应在监理月报中，向建设单位报告工程进度和所采取进度控制措施的执行情况，并提出合理预防由建设单位原因导致的工程延期及其相关费用索赔的建议。

（十三）工地会议制度

1.第一次工地会议

（1）第一次工地会议由建设单位主持召开。

（2）第一次工地会议包括以下主要内容：

①建设单位、承包单位和监理单位分别介绍各自驻现场的组织机构、人员及其分工。

②建设单位根据委托监理合同宣布对总监理工程师的授权。

③建设单位介绍工程开工准备情况。

④承包单位介绍施工准备情况。

⑤建设单位和总监理工程师对施工准备情况提出意见和要求。

⑥总监理工程师介绍监理规划的主要内容。

⑦研究确定各方在施工过程中参加工地例会的主要人员，召开工地例会的周期、地点及主要议题。

（3）第一次工地会议纪要由项目监理机构负责起草，并经与会各方代表会签。

2.工地例会

（1）在施工过程中，总监理工程师应定期主持召开工地例会（如每星期二）。会议纪要应由项目监理机构负责起草，并经与会各方代表会签。

（2）工地例会应包括以下主要内容。

①检查上次例会议定事项的落实情况，分析未完事项原因。

②检查分析工程项目进度计划完成情况，提出下一阶段进度目标及其落实措施。

③检查分析工程项目质量状况,针对存在的问题提出改进措施。

④检查工程量核定及工程款支付情况。

⑤解决需要协调的有关事项。

⑥其他有关事宜。

3.专题会议

总监理工程师或专业监理工程师应根据需要及时组织专题会议,解决施工过程中的各种专项问题。

（十四）监理月报制度

(1)项目监理机构应每月定期向建设单位报监理月报。

(2)施工阶段监理月报应包括以下内容。

①本月工程概况。

②本月工程形象进度。

(3)工程进度。

①本月实际完成情况与计划进度比较。

②对进度完成情况及采取措施效果的分析。

(4)工程质量。

①本月工程质量情况分析。

②本月采取的工程质量措施及效果。

(5)工程计量与工程款支付。

①工程量审核情况。

②工程款审核情况及月支付情况。

③工程款支付情况分析。

④本月采取的措施及效果。

(6)合同其他事项的处理情况。

①工程变更。

②工程延期。

③费用索赔。

(7)本月监理工作小结。

①对本月进度、质量、工程款支付等方面情况的综合评价。

②本月监理工作情况。

③有关本工程的意见和建议。

(8)下月监理工作重点。

(十五)监理日志制度

1.监理日志的管理

(1)监理日志作为监理方的完整工程跟踪资料,是监理工作状况的综合反映,是今后分析质量问题产生原因的重要资料,是项目进行中或完工后投资控制的主要依据,是监理档案资料的基本组成,是考核现场监理工作好坏的重要方面。

(2)监理组人员均应记监理日志,当天日志当天完成,当天发生的事件当天记,编号应连续。必须每天记录,每个日历都应该有说明(工程冬季停工及停建、缓建例外),用钢笔填写,字迹工整,语句通顺,文字简练,逻辑合理。

监理日志要实事求是,真实可信,禁止伪造和搞虚假,客观反映监理工作情况,不夸大不缩小。

2.监理日志的内容

监理日志应反映工程建设过程中监理人员参与的工程投资、进度、质量、合同及现场协调情况,对与之有关的问题在记录整理上要有头有尾,对参与人、时间、地点及起因、经过、结果都要有如实记录,其内容应包括以下五个方面。

(1)天气情况。监理日志应记录当日天气情况(如晴、阴、阵雨、大雨、暴雨、降雪、气温、风力等)以及因天气原因导致的工作时间损失。天气情况直接影响工程质量,同时天气情况也关系到监理人员监理措施建议的科学合理性。

(2)施工状况。监理日志应记录当天施工部位、内容、施工组织(工种、人数)及施工机械(种类、数量)使用情况,施工情况与天气情况的对照有助于今后分析质量问题产生原因,分清质量事故责任,提高监理业务水平。

(3)各方要求。本部分可简述本日内收到的业主要求、设计变更及施工方请示,并写明要求人、收到时间、地点、在场人及要求内容(如为口头要求应整理成书面要求,请求人签字)。

(4)监理工作。监理工作是监理日志的重点内容,可分为三部分书写。一是各方要求的处理情况,应针对业主要求、设计方变更及施工方请示,逐一说明监理是如何处理的。二是各专业主要监理工作及发现问题,采取的监理措施,提出的监理建议,并逐一记录处理情况及结果,旁站中,则应详细记录旁站监理过程,以砼浇筑工程为例,应对旁站开始时间,对砼配合比的检查情况,第一罐砼的坍落度检查情况,旁站过程中对后台计量(现制砼时),砼坍落度的抽检情况,对砼试块的见证取样制作及见证记录的填写情况,旁站过程中发现的质量问题及处理情况以及旁站工作的结束时间等进行详细记录。三是当日签发的监理指令(监理通知、工程暂停令)、监理报审表(开工/竣工报审,施工组织设计/方案报审,施工进度计划报审,分包单位资格报审,分部、分项、单位工程报验申请,工程材料/设备/购配件报验申请,隐蔽工程验收记录等)和监理月报、会议纪要等,对上述所签发的指令、报审表、月报、会议纪要等均应注明编号及收件人、收件时间、地点等。

(5)其他。本部分全面记录监理过程中对"三控两管一协调"可能会产生影响的文件。如政府有关部门颁发的有关文件收到的时间,执行时间;承包商因素、非承包商因素引起的停水、停电、停工、延迟开工时间及由此造成的停工、窝工、材料、资金损失;业主合同外工程及零星用工;监理组完成的附加工作、额外工作;不可抗力因素发生过程、影响等。

第七章　图书馆建设项目施工管理

第一节　项目施工进度管理

建筑工程项目施工进度管理,其目的是确保在规定建设时间内完成项目建设,其重点环节是对施工建设工期进行管理与调控。

一、施工进度管理的基本概念与重要作用

现阶段建筑工程项目施工进度管理就是项目建设管理人员结合施工建设内容以及不同环节施工目标编制施工计划,在具体施工过程中严格按照计划开展各项施工活动的过程。在项目建设中,需要对计划实践情况以及建设进度偏差形成的主要原因进行分析,提出相应整改措施。对项目施工进度主要影响因素进行分析后,采取多项措施进行控制与协调,确保建设项目能够在预期工期内完成。同时,还需要保障施工质量。

从施工现状来看,实施施工进度管理的工程项目大多能够在规定工期内全面完成建设任务。工程建设项目进度编制、执行情况对项目建设工期具有直接影响,也关系建设项目综合经济效益发展的问题,所以实施建筑工程项目施工进度管理具有重要意义,相关管理部门需要强化这方面的管理意识[①]。工程项目施工需要进行动态化管理,对各个施工环节实际开展情况进行分析,探究是否存在相应偏差,如果与预期建设工期存在偏差,则需要对问题产生的主要原

---

① 张勇,时雪峰,刘艳磊.高职院校图书馆建筑功能设计五步曲[J].河北科技图苑,
2008(2):12-14.

因进行分析,采取针对性的控制措施,使项目稳定进行,顺利竣工。

二、图书馆建设工程项目中施工进度管理存在的主要问题

(一)施工进度管理缺乏规划

工程项目施工进度管理效率的提升需要相关部门拟定施工进度计划,施工进度计划编制的合理性与科学性对施工进度的综合控制具有重要影响。在施工进度计划实际编制过程中,相关部门需要对各项管理工作基本工序进行排列,确定合理的逻辑关系,然后对各项资源精心安排,避免某段时间施工时间过于集中,导致资源配置不合理等问题。此外,为确保管理计划的完整性,需要对施工全过程各个环节工作进行整合,分析各项突发事件,确保施工计划能够稳定执行。另外,部分企业编制施工进度时,还存在管理工作控制目标不合理的问题,从施工活动正式开始时,就未能全面结合施工建设具体情况进行系统性编制。如在施工前期准备阶段消耗的时间较多,未能结合建设实际情况拟定工期,使工期计划基础性缺陷较大,导致后续施工过程产生较多问题等。

(二)施工进度保障性措施与规则制度不完善

随着社会发展,相关部门对当前建筑工程项目实际建设过程中存在的问题采取了一系列针对性的管理措施。这些措施提升了项目管理的标准化水平,对促进工程项目现代化建设具有重要影响。但在工程管理中仍有较多部分还是人为管理,主观性较强,再加上施工中各种突发状况,遇到新情况,施工进度保障性措施与规则制度不完善的缺陷就暴露出来了。

(三)施工进度管理计划执行力较低

建筑工程项目具体施工过程中如果不能严格执行前期设计好的进度管理计划,将会导致诸多问题发生,当施工活动受到影响之后,很难采取有效措施进行补救。从现阶段工程施工实践活动来看,施工进度计划编制之后,由于各项原因导致施工进度管理计划难以全面实施的情况时有发生。此时,需要结合施工建设具体情况进行相应调整,总结各项问题,提高计划灵活性,以使计划能够时刻与建设工程各个环节相适应。这样才能全面提升工期管理的规范化水平,避免施工进度失控。

三、编制图书馆建设工程进度管理的过程

（一）确定工程进度与质量、成本之间的关系

成本在建筑工程中随进度变化而变化，进度对投入的人、材、机都具有一定影响。此外，因材料不断涨价，需要施工企业承担材料上涨的差价，因此，逐渐加快的施工进度反而可使材料成本明显降低。一般情况下，对建筑工程质量要求越高，越容易影响工程进度。针对此情况，需施工企业引进新工艺、新技术及新设备，并在组织施工中采取高效管理方式，这样不仅可达到工程质量要求，还对工程进度具有一定的促进作用。

（二）确定工程进度管理目标及施工阶段目标

按照施工承包合同要求，建筑工程项目应在工期规定时间内完成，这也是控制施工进度的目标。为实现该目标，可采取目标分解方法，将总目标分解成类型各不相同的子目标，进而形成进度控制目标体系。按照项目任务分解，确定开工时间及所需工期，确保实现施工进度目标。按照承包企业分解，对分工条件和承包责任予以明确。按照分解的施工阶段对进度控制分界点进行划定，各阶段明确具体起止时间，组织综合施工。在确定施工阶段目标工期中，确保提前动工的大型建筑工程项目尽快完成，使其效益得到充分发挥。对土建及安装工程应合理安排施工，与经费相结合进行原材料及设备安排，协调好项目目标工期，与工程特点及难易度相结合，对重点项目妥善安排以实现进度目标。

（三）确定工程项目施工进度管理的基本原则

建筑工程项目施工进度管理采取动态控制、实时信息反馈及弹性原理，实际进度遵循计划安排，如产生偏差，应对其原因认真分析总结，及时采取适宜的方法对原进度计划调整优化，使两者重合在新起点，按新计划施工。采取信息反馈方式将实际进度反馈给进度管理人员，再逐一上报直至项目经理，项目经理部经过比较分析制订决策，对施工进度计划进行调整后，使其与预先制定的目标相符。

四、实施图书馆建设工程项目施工进度管理的步骤

(1)计划管理。按照项目施工特点，建立建筑工程项目部，设置统一计划，逐级管理，不断细化进度计划并具体实施。同时，将实际进度逐级向上反馈，根

据实际施工情况对进度计划实施调整、修改及优化,实现动态化管理。

(2)以建筑工程项目部作为最高管理指挥中心,全面管理工程施工全过程。建筑工程项目部对项目进度计划进行控制及统筹安排,管理及协调解决建筑工程施工中产生的各种问题,确保工程顺利施工。

(3)根据承包合同的进度要求完成建设任务。进度管理及控制内容有:编制工程进度计划、实施及检查工程进度计划、调整工程进度计划。

(4)确保施工进度计划的实现。为确保实现控制建筑工程施工项目进度的目标,具体实施中可采用目标分解法对分部分项和作业过程进行调控,确保重点,兼顾一般,由总体到细节统筹安排,使工作效率明显提高,形成层层约束及保证的多层次进度控制。施工方案应采用新材料、新技术、新工艺或先进技术,出现问题时可对各工作顺序及时调整,确保施工进度。

(5)控制项目进度计划。按照施工合同要求,确定施工进度目标,对计划开工时间及工期予以明确,采用工期目标管理方式分解目标,科学布置工作并认真执行,采用网络计划技术对工期管理进行指导,及时调整施工中的偏差,对偏差形成解决方案,对实施的经济、技术、合同保证措施予以纠正,确保完成关键工作,进而实现预期目标。

五、加强图书馆建设工程项目施工进度管理的措施

(一)对工程项目施工进度实施科学化管理

要对工程的施工进度进行科学有效的管理,就要先转变观念,向施工人员普及企业效率和市场竞争的观念。在尊重市场经济发展规律的基础上,对各施工部门的结构和职能进行改革,不断完善项目管理的经营机制。机构设置上,至少应包括工程技术部、市场合同部以及施工管理部。工程技术部主要负责指导、监督工程现场的施工。市场合同部,要整合财物管理、计划管理、合同管理以及成本管理等的功能,避免合同管理与成本控制、资金管理相脱离的问题。施工管理部的设置则侧重于保证现场施工管理与合同管理、成本管理的一致性,在合同的约束下,进行施工技术、安全、质量、进度、成本控制、资源配置等方面的协调管理工作,使得"管干的不管算、管算的不管干"的局面有所改善,着力解决在现场施工中重进度、轻管理,重投入、轻核算的问题,以便文明施工水平和企业经济效益不断得到提高。

（二）加强各项保障性措施的实施

对建筑项目施工进度进行协调主要是对建筑工程土建、安装、分包、总包单位各项施工与管理工作进行有效搭接，从实际时间与空间方面进行调控。各个部门之间相互联系、相互制约，对工程项目实际施工进度都有着直接影响。所以需要将施工项目中各个单项工程进行连接，做好各个项目施工环节的进度控制工作，提高施工活动的秩序性，确保在工期内完成建设活动。

总而言之，建筑工程项目施工过程中加强施工进度管理具有重要作用，施工企业需要通过科学的管理方法，结合施工项目实际建设情况以及招标文件各项要求制定进度管理目标以及控制计划，确保施工活动能够有序开展，建设项目能在固定工期内完成，提高工程建设的经济效益。

第二节　项目施工质量管理

建筑工程具有管理难、投资大等特点，因此建筑工程建设时的基本原则是质量优先。图书馆建设工程也不例外。本节首先对建筑施工中的质量管理概念进行简要阐述，然后结合工程实例，对建筑工程施工的质量管理具体过程进行分析探讨。

一、质量管理基本概念

质量管理是确定质量方针、目标和职责，并在管理体系中通过诸如质量策划、质量控制、质量保证和质量改进使其实施全部管理职能的所有活动。

建筑施工指的是建筑物形成的完整过程，是建筑实体形成的关键，只有对施工阶段的质量进行严格的管理，才能提高建筑工程的质量。建筑工程涉及的范围很广，影响施工质量的因素众多，因此管理过程也是极其复杂的，工程项目材料的微小变化，以及正常磨损等，都有可能对工程结果产生较大的影响，严重的还将造成质量事故[①]。在建筑工程竣工后，一旦出现质量问题，不能像普通工业产品一样处理，诸如更换配件、拆卸维修等，更不可能进行类似产品的包

---

① 　谢观坤.从人文关怀的视角谈汕头大学图书馆设计[D].汕头：汕头大学，2012.

换。因此,在建筑工程施工过程中,必须狠抓质量[①]。

二、质量管理步骤

施工项目的质量管理,分为事前、事中、事后三个阶段。

(1)事前质量控制,主要指在项目施工之前,运用多种分析方法,从质量管理实施计划、质量保证措施、质量管理目标等入手,对建筑工程的质量管理进行全面的分析,这将对中后期质量管理产生积极的影响。

(2)事中质量控制,主要是指在施工的整个过程中,对于项目建设中的质量进行控制。其措施是对施工的整个过程进行全面的管理,突出重点控制对象。事中控制分为施工过程质量控制、中间产品质量控制、分部分项质量控制、设计变更与图纸修改等。

(3)事后质量控制指的是在项目竣工后,对项目形成的产品等进行质量管理。主要事项包括:对于完工的相关材料进行验收,对竣工项目进行初步检查、验收;对各个分项工程按照标准要求进行检查验收;根据相关规定进行工程的质量检查和评定,组织单位检查人员进行工程整体的验收。

三、图书馆建筑工程质量管理的具体实施

图书馆建筑项目,建筑主体部分用钢筋混凝土构架,采用预应力技术进行建筑物大跨度梁的建设和设计。建筑物的屋顶,采用空间网格式样的结构,在建筑的每一层先设置东、西、南、北四个走向,再进行后浇带,在其主体竣工1个月后,进行这部分的施工。图书馆建筑工程质量管理的事前、事中、事后工作具体如下。

第一,事前控制阶段工作。

(1)审查参与项目实施的所有人员。项目的负责人,一方面,应该是懂得法律、建筑、经济管理等各方面知识的复合型人才,另一方面,也要有一定的建筑实践经验。因此,在资格审查时,必须要求参与人员持有相关证书。对于施工的团队,以及各个单位的人员,要进行思想素质、身体素质等的检查,上岗人员的技术能力要过硬,这些对于项目工程的好坏将产生直接的影响。一旦在审查

---

①　赵河清.保定学院图书馆建筑设计透视[J].河北科技图苑,2008(2):15-17.

过程中,发现不合格的人员,坚决不允许其上岗。

(2)检查工程材料。工程中用到的所有材料,都必须有检验报告和合格证书,同时,产品必须经技术人员以及质量检查人员检查后才能使用。

(3)审查工程设备。对于永久性使用的设备,应当经技术人员和质量管理人员检查和验证后再采购,同时在进场时必须进行验收。对于重要的器材,必须在采购之前提供检验报告,只有经过质量管理后,才能进行施工。

(4)审查施工方法。对于施工方案、设计,须审查后再进行。

(5)调查施工环境。这包括对施工现场的交通、水文地质等进行调查,在掌握施工场地周围的环境后确保施工的安全进行。

(6)对施工的各个阶段进行质量控制。建筑项目的前期准备、施工过程的建设、后期的检查验收等,都要进行细致的质量管理。对于竣工后的质量检查和验收,在符合标准后要进行记录和归档。

(7)做好设计交底以及图纸会审工作。

第二,事中控制阶段工作。

质量管理人员在施工阶段进行质量管理时要用好目测法、实验检验法和记忆仪器测量法等检查方法。在项目施工过程中,对施工的操作要进行重点检查,对违反操作、不满足安全操作要求的方法要及时进行纠正;在工序质量的交接过程中,应进行质量的验收,验收合格后才能进行下一道工序;工程的验收要隐蔽,这是保证工程质量的关键,也是防患于未然的必要工序;对施工过程进行全方位的监控,对于关键的分工项目,要注意定期的预验收和后期的复核,在对产品进行质量检查后,要实施必要的措施以对产品和工程进行保护,防止对产品和工程造成损害。一旦在施工中发现问题要进行及时的处理,从而保证施工满足规定,在规定的工期内上交。出现严重的问题,要停止施工,提交报告进行说明。在确保此类问题不会发生并经过审核同意后才能继续进行项目工程的建设。在解决了该问题后,要经过质量控制人员的检查,才能进行项目的重新施工。

第三,事后控制阶段工作。

事后控制阶段工作包括以下几个方面:①在竣工后,对整个工程进行质量验收,一旦发现问题,及时管理,必要时重新施工;②对上交的报告以及技术检查,认真审核,若上交报告有缺失,进行补充整理,直到手续齐全;③对竣工图进行审核;④对技术档案进行存档。

依据上述图书馆工程项目的质量控制要求,确定一系列工作步骤,具体如下。开工准备→提交开工报审表→审查开工条件(监理单位)→批准开工申请(监理单位)→分部分项工程施工→检验批完成后自检→自检合格→填报《报验申请单》→检验检验批质量、现场检查、实验室检验(监理单位)→检查合格→签署《报验申请单》(监理单位)→本分部分项工程完成→进行内部竣工预验、验收文件资料准备→申请竣工验收→监理单位审核验收→签署竣工验收申请→组织竣工验收。

综上所述,图书馆建筑工程项目质量管理过程中,应当严格按照各项法律法规行事,按照完善的质量管理措施,对建筑材料进行严格的控制和管理,确保工程的安全性,提高工程的质量。

第三节　项目施工安全管理

建筑施工涉及范围广,工种多,高空作业多。这一过程中的很多因素会对工程安全造成影响,而施工安全对施工人员和施工单位来说又有着非常重大的意义,做好建筑施工安全管理,避免发生重大安全事故显得尤为重要。为此,我们必须从根源入手,围绕当前建筑施工安全管理的现状,分析当前工作中存在的问题,并根据分析的结果制订有效的措施提高建筑施工安全管理水平。

一、图书馆建设施工安全管理中存在的问题

近些年,建筑安全事故时有发生,针对这一现状,笔者对当前图书馆建筑工程施工安全管理存在的问题进行了深入了解和分析,并对分析的结果进行了以下的总结。

(一)安全意识淡薄

在当前的图书馆建筑工程施工过程中,施工人员安全意识淡薄,是导致安全事故频发的主要原因。尤其是施工安全管理人员,若他们的安全意识淡薄,将会对整个工程造成严重的不良后果。这也是导致安全防护设施不到位、安全管理制度无法落实,以及冒险施工和违章施工等现象频发的主要原因。同时,

作为管理人员,他们的安全意识淡薄也对施工人员产生了很大的影响,而施工人员缺乏应有的安全意识就会直接影响施工的安全性。据对以往施工事故的分析、总结,因施工管理人员和施工人员缺乏相关的安全意识而导致的安全事故,占全年总事故的 10%以上。

(二)施工人员职业素质有待提高

目前,建筑工程施工人员主要由农民工组成,学历普遍较低,几乎没有接受过专业的技术培训,再加上其职业素质相对较低,施工过程中经常会出现凭经验独自臆断等不规范现象,这是导致安全事故发生的重要原因之一。

(三)施工安全管理监督力度不够

想要确保施工的安全,首先要加大施工安全的管理监督力度。但是,在当前很大一部分建筑工程施工中,既没有建立科学合理的安全管理制度,也没有促使管理人员充分发挥作用的激励手段,有时施工所需要的建筑材料及设备的质量也无法获得有效保障。管理监督力度的缺失使得建筑工程的安全施工无法得到保障。

二、加强图书馆建设施工安全管理工作的有效措施

施工安全管理工作必须放眼全局,充分考虑影响施工安全的所有因素,有的放矢,最大限度地避免安全事故。

(一)建立健全施工安全管理制度,完善安全生产责任制

建立安全管理制度是规范施工人员行为、落实相关政策法规的重要手段,一个科学合理的制度既是完善安全生产技术的重要保障,又是监督、督促施工管理人员切实贯彻相关政策、法规的重要依据[①]。

1.建立施工安全管理制度

一般来说,安全管理制度主要包括安全措施计划、安全检查制度及伤亡事故的调查和处理制度等。制订一个科学的安全管理计划,能够改善作业条件,有效避免安全事故的发生;制订一项安全检查制度可以及时发现影响施工安全的问题,做好应对,降低安全事故发生的概率;建立健全伤亡事故的调查和处理制度有利于企业对事故进行总结,吸取教训,避免发生类似的问题。

---

① 赵河清.保定学院图书馆建筑设计透视[J].河北科技图苑,2008(2):15-17.

2.建立施工安全生产责任制度

在建筑企业的岗位责任制度中,施工安全生产责任制的地位举足轻重。要建立完善的安全生产责任制,首先,要明确企业经理和副经理的责任,确保其对整个施工安全的领导,做好建筑施工中的安全管理工作;其次,要明确总工程师或技术负责人的责任,让他们能够及时提出相关建议,确保施工安全和劳动保护中的技术性工作能够高效完成;再次,要明确建筑工程施工中安全生产、检查监督等岗位人员的责任;最后,企业的负责人也必须认真学习并严格遵循与安全生产相关的规章制度,以保障施工安全。

(二)做好对施工人员的安全教育工作和技术培训工作

1.施工人员的安全教育

对施工人员进行安全教育是加强安全管理工作中必不可少的一部分。施工单位要根据施工的具体情况对施工人员进行安全教育,增强其安全意识,以最大限度地避免意外事故的发生。同时,根据我国相关的规章制度,施工单位必须要对新入职的施工人员进行安全生产的国家法令法规、企业安全生产有关制度、安全基本知识及劳动纪律等内容的教育。还要对教育的成果进行审核,只有审核过关的职工才能参与施工。只有这样才能保障工程的安全施工。

2.施工人员的技术培训

当前建筑施工人员主要是缺少专业培训的农民工,他们的技术水平不高、施工过程不够规范,这将对工程安全造成很大影响。因此,相关的工程单位在组建施工队伍时需要对施工人员进行筛选,并在施工前对他们进行必要的培训,确保其技术水平、安全意识达到要求。针对工程中电工作业、金属切割作业及登高架设作业等危险性极高的特种作业,必须要对施工人员进行严格的专业培训与考核,确保这些施工人员能够满足工作的要求。只有保证施工人员具有足够的专业技术、施工足够规范,其施工作业时的安全性才能得到保障。

(三)加强对建筑材料及机械设备的质量把关工作

建筑工程中所用的防、支护材料是确保施工安全的重要物质保障,必须提高对这方面的重视,做好建筑材料及机械设备的质量把关工作。建筑工程企业必须依法建立相应的材料招投标制度与材料复检制度,通过严格的审查确保工程所用材料的质量。同时,还必须安排专门的人员对相关的工程设备进行检查和维修,保证设备的正常运行。

（四）积极做好施工安全技术性工作

建筑工程中的施工作业是一项技术性很强的工作,想要确保工程安全就必须做好施工安全的技术性工作。为此,要提前做好技术交底工作,通过相关的培训等确保每个施工人员都能充分了解并掌握工程施工的特点、技术质量要求及施工技术方法和安全措施等。同时还必须制订行之有效的施工安全防护计划,比如基坑护坡支护安全方案、临时用电安全方案及脚手架搭拆安全方案等。另外,在进行特殊作业之前必须编制科学的安全施工操作规程和安全作业指导书,并严格要求施工人员按规程施工。只有这样才能保证施工的安全。

（五）提高对建筑施工的安全检查力度

施工管理人员应加强对建筑施工的安全检查力度,减少安全隐患发生。具体措施如下。

（1）重点检查施工现场关键部位。重点加强对工程中危险性高、相对比较薄弱及比较重要的部位的检查力度与防护力度。例如,在相应的场地设置安全生产警示牌,进行全程旁站式监控等。同时还要做好施工前的安全准备工作,确保安全防护措施落实到位。

（2）采取全程控制管理,确保相关的安全防范措施到位,落实安全防范制度,逐一排查安全漏洞,最大限度确保施工安全。

（3）结合相关的奖惩制度对违规人员进行相应的惩处,同时对先进模范进行表彰,促进相关人员安全意识的提高。

总而言之,做好图书馆建筑施工中的安全管理工作无论是对施工人员还是施工单位都有着非凡的意义。安全施工不仅能保障施工人员的生命安全,对企业的发展和进步也有很大的促进作用。想要实现安全施工就必须做好施工安全管理工作,在对施工人员进行安全教育和技术培训,对材料和机械设备的质量进行严格审查的同时还要建立一个完善的安全管理制度,落实安全生产责任制,并且做好整个工程中安全施工的技术性工作。除此之外,还要在现有的工作基础上不断总结、不断探索,改进现有的施工方法,将"文明施工,安全第一"落到实处。

第四节　案例分析:新疆图书馆二期改扩建工程项目施工管理

本节以新疆图书馆二期改扩建工程项目施工管理为例,阐述新疆图书馆工程项目施工的进度管理措施、质量管理措施以及安全管理措施,以期更好地促进项目施工建设在预期计划中稳定开展。

一、进度管理措施

(一)总体计划(一级计划)的编制程序和步骤

本项目的总体进度计划采用关键线路法。此进度计划将在本项目具体实施过程中,以工期优化为主,结合费用优化和资源优化对工期进行适当调整。

1.工期优化

工期优化通过压缩关键活动的持续时间来进行,主要工作如下。

(1)计算网络计划中的时间参数,并找出关键线路和关键活动。

(2)按要求工期计算应缩短的时间。

(3)确定各关键活动能缩短的持续时间。

(4)选择关键活动,调整其计算网络计划的计算工期。在选择应缩短持续时间的关键活动时还应考虑缩短持续时间对质量和安全影响不大的活动。

(5)选择有充足备用资源,缩短持续时间增加费用最少的活动。

(6)在实际实施调整过程中,如计算工期超过要求工期,则重复以上步骤,直到满足要求为止。

(7)在进度计划实际实施调整过程中,若所有关键活动的持续时间都已经达到其能缩短的极限仍不能满足要求时,则需对计划的技术组织方案进行调整或对要求工期进行调整。

2.费用优化

在进行费用优化时,把工程费用分成直接费用和间接费用两部分。通过对这两部分费用的综合计算,得出一个总费用最低的最优工期。

3.资源优化

工程中的资源包括人力、材料、动力、设备、机具、资金等。资源的供应情况是影响工程进度的主要因素。资源优化包括工期最短优化及资源均衡优化两种。

(二)三级进度控制计划管理

1. Ⅰ级进度计划

(1)Ⅰ级进度计划,即项目进度总控制计划。项目管理部进场后应立刻着手编制项目指导性总体进度计划——Ⅰ级进度计划,它是项目管理部针对项目全部工作范围和全过程建设管理做出的项目总体性进度安排,是项目实施的主要依据。

(2)项目管理人项目管理部在取得委托人/使用人批准之后将会发布该指导性计划。所有设计、监理、工程承包、供货等专业工作单位必须按照该计划编制各类子合同实施进度计划并安排自身工作。此计划为项目指出最终进度目标,为项目各主要工作及主要分部分项工程指出明确的开始、完成时间,反映出各工作之间、各分部分项工程之间的逻辑制约关系。该项目进度计划的关键线路,是组织制订和落实Ⅱ级、Ⅲ级进度计划、项目部月/周工作计划以及必要专项工作计划的依据。

(3)在项目管理合同签订后,项目管理人项目管理部应在两周内完成项目进度总控制计划编制,报经批准后,作为控制工期总目标的依据,用于约束建设前期各项工作,并作为前期、设计、施工招标依据。

(4)在项目开工后,经项目管理部与监理、设计、施工单位充分协商进一步调整、充实项目进度总控制计划内容,并报经批准后,作为指导施工期间包括项目管理人、设计、监理、总承包、专业分包商等各方工作的依据。

(5)项目管理部首先编制形成项目进度总控制计划(初稿),提交项目管理人公司总部组织专题讨论后,由项目管理部根据讨论意见修改,再由项目部经理签发报送本项目建设领导审批。

(6)经领导审核批准后,正式向项目参建各方发布,项目部进度总控制计划作为项目参建各方的工作依据,无重大变化不轻易进行调整。

(7)当项目建设过程中出现重大变化或进度计划严重滞后时,项目管理部应明确责任方及进度总控制计划调整的必要性,如确需调整,由项目部上报委托人,在委托人批准后可重新修订,包括修订计划的编制、协商、审批等。

2. Ⅱ级进度计划

(1) Ⅱ级进度计划,即项目详细进度计划,是设计、总承包、专业分包单位编制的其合同承包范围内工程的详细施工计划,是各总承包、专业分包单位对其合同内工作的详细分解和具体安排,用于指导、检查和管理各总承包、专业分包单位按期完成各自合同规定的工作。

(2) Ⅱ级进度计划应依据项目进度总控制计划编制,原则上必须符合项目进度总控制计划确定的工期要求,如有重大变化,项目部应报经业主认可。

(3) 项目管理部在总承包、专业分包单位招标时,应依据项目进度总控制计划,在招标文件中明确相应工程的工期及开、竣工时间,要求投标单位在投标时提交Ⅱ级进度计划,并作为评标的重要指标。

(4) 确定中标单位后,应要求中标单位正式提交Ⅱ级进度计划,Ⅱ级进度计划报项目管理部,经监理审核批准后,用于指导中标单位开展工作。

(5) 项目部应及时组织检查Ⅱ级进度计划的执行情况,出现较大偏差应及时发函给总包单位,要求其及责任单位及时采取相应改进措施。

(6) 专业分包单位总体进度计划审查应按以下程序进行。

第一,调查研究。调查研究是编制/审查进度计划的准备工作,主要内容包括:工作任务及范围、实施条件、设计资料,有关标准、定额、规程、制度、资源需求与供应情况,资金需求与资金计划,有关统计资料、经验总结及历史资料。

第二,确定计划目标。对照项目批复文件、专业单位招标文件、合同条款、项目总体指导性进度计划,确定专业工作单位子项合同的时间目标(子项合同总工期)的合理性。

第三,审查工作方案。任何科学、完整的计划都是建立在合理的工作方案和工作程序基础上的,项目管理人在对专业工作单位报审的计划进行评审时,须首先对照调查研究掌握的相关情况(如现场条件、拟投入资源规模,特别是设备性能、同类工作经验等),对专业单位的工作方案及作业逻辑安排等进行评估,为进度计划的实现提供技术保障。

第四,审查工作逻辑安排。本项目管理工期长、规模大,涉及众多参建单位及各类专业合同,相互之间的工作存在相互依赖、促进和干扰等多种形式的影响,为保证整体指导性计划目标的实现,必须加强对各专业单位计划逻辑安排和工序组织的分析审查。

第五,从资源配置要求、工作强度及投资计划等其他角度评审计划的可行性,鼓励、指导各专业单位通过网络计划优化(工期优化、费用优化和资源优化),使实际的进度计划切实可行,最大限度地保证建设速度,降低工程造价。

3.Ⅲ级进度计划

(1)Ⅲ级进度计划,即月/周施工计划,是由总承包方组织各分包单位依据Ⅱ级进度计划编制的短周期各专业施工综合计划,是用于指导、检查、督促施工进度安排的具体操作性工作计划,是实现Ⅰ、Ⅱ级进度计划的必要保证。

(2)项目管理部要求总承包方按建设工程监理规程及时组织各分包单位编制日施工计划并上报监理、项目管理部审核,项目管理部依据Ⅰ、Ⅱ级进度计划审核时,发现问题应及时要求总承包单位进行调整。

(3)项目管理部要求总承包单位在每周工程例会前提交监理、项目管理部周施工计划,作为检查上周施工进度、安排下周施工计划的依据。

二、质量管理措施

(一)质量管理组织机构

本项目施工单位将根据自身已形成的质量管理体系,在图书馆方和质量监督部门的指导和监督下与参建各单位(设计、监理、总包、分包等单位)共同建立专门的质量管理机构,明确各级机构的质量责任和责任人,落实每一个人的质量职责,开展全面的质量管理行动。通过全体参建人员的共同努力,实现最终的质量目标。

(二)工程质量管理总流程

本项目工程质量管理总流程如图7-1所示。

(三)工程质量控制责任体系

确立工程质量控制责任体系是工程质量控制的重要工作,是责任到人的组织措施。根据国家颁布的《建设工程质量管理条例》,以合同、协议及有关文件形式明确参建各方在工程质量控制中的责任,使参建各方在建设过程中对自身的责任有具体领会,并切实承担起相应责任。

1.项目管理者的质量责任

本建设项目的项目管理者,也是项目建设质量管理主要责任人。其主要责任如下。

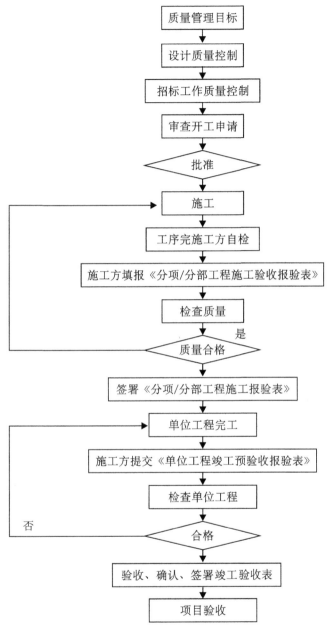

图 7-1　项目施工质量管理流程

（1）根据本项目特点和技术要求，对设计质量进行管理；依法对监理单位、施工单位的招标进行监督，签订相应合同，并在各合同中明确质量条款、质量责任,真实、准确、齐全地提供与建设工程相关的原始资料。

(2)根据工程特点,配备相应的工程质量管理人员,在施工过程中,工程质量管理人员应按国家现行有关工程建设法规、技术标准及合同规定,对工程质量进行监督检查,涉及建筑安全或质量的所有变动,应在施工前委托原设计单位提出设计方案。

(3)按合同的约定负责采购供应的建筑材料、建筑构配件和设备,购买的材料、配件和设备应符合设计文件和合同的要求,对发生的质量问题,应承担相应的管理责任。

(4)对所承担的工程质量管理工作负责。在开工前,办理有关施工图设计文件审查、工程施工许可证和工程质量监督手续,组织设计、监理和施工单位认真进行设计交底和图纸会审;工程完工,应认真按国家的有关规定做好各项设备性试验和专项工程验收的组织工作;协助委托方认真组织工程的竣工预验收和竣工验收。

2.勘察、设计单位的质量责任

勘察、设计单位自身应遵守国家有关勘察、设计资质等级的有关规定,不越级许可范围承揽业务,不转包或违规分包。同时,在履行业务职责过程中,对国家有关设计标准、规范,工程建设强制性标准,合同的执行和所编制的勘查、设计文件的质量负有直接责任。勘察、设计单位应参与工程质量事故分析,对因设计造成的质量事故,制订相应的技术处理方案,承担相应责任。

3.施工单位的质量责任

(1)施工单位作为实施施工的主体,对其所承担的工程项目的施工质量负直接责任。施工单位应建立健全质量管理体系,落实质量责任制,确定工程项目的项目经理、技术负责人和施工管理负责人。

(2)在施工过程中,施工单位未经设计单位认可,不得擅自修改工程设计。对建材、构配件、设备和商品混凝土应进行检查,不偷工减料,不使用不符合设计和强制性技术标准要求的产品。施工单位对违反以上规定而造成工程质量事故负责。

4.工程监理单位的质量责任

(1)工程监理单位受项目管理人的委托对建设项目施工进行监理,监理单位应切实按照国家有关法律、法规以及有关技术标准、设计文件和建设工程承包合同、委托监理合同等要求来开展监理工作,对工程质量承担监理责任。

(2)监理责任分为违法责任和违约责任两方面。具体地说,监理单位故意弄虚作假、降低工程质量标准、造成质量事故的,要承担法律责任。若监理单位与施工单位串通,谋取非法利益,给项目管理人造成损失的,应与施工单位一起承担连带赔偿责任。如果监理单位在责任期内,不按照委托监理合同约定履行监理职责,给项目管理人或其他单位造成损失的,属违约责任,应当向项目管理人赔偿。

三、安全管理措施

(一)安全生产施工目标

本项目安全生产施工目标是:保证不因管理方管理过失出现重大安全责任事故,实现工程施工全过程"五无",即无重伤、无死亡、无火灾、无中毒、无倒塌,争创省、市建筑工程安全生产、文明施工优良样板工地。

(二)安全生产施工目标分解

具体的安全生产施工目标如图7-2所示。

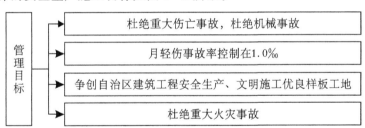

图7-2　安全生产施工目标分解

(三)安全生产的保证措施

1.建立安全生产责任制

(1)企业的法人代表与项目经理签订安全生产协议书,明确双方在安全生产工作中的责任、权利和义务以及具体的安全生产考核指标。

(2)各级人员在安全生产协议签订后,项目经理组织监督检查本协议的落实情况,确保安全考核指标的完成。

(3)做好施工现场总平面设计,报请使用方审批,项目建设过程中严格按总平面图布置,不随意更改。同时根据工程进度,适时地对施工现场进行整理和整改,或进行必要的调整。

对施工安全的管理控制的具体流程如图 7 - 3 所示。

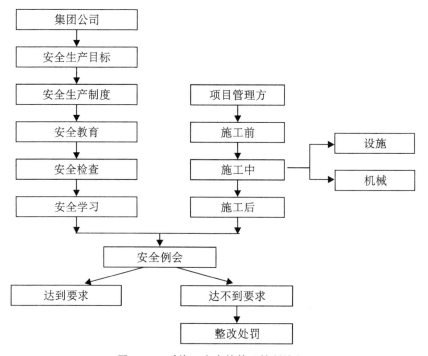

图 7 - 3　对施工安全的管理控制流程

2.安全生产检查措施

(1)施工安全检查工作程序如下。

第一,检查的范围。包括各项规章制度的落实,隐患查找,及消防设备、灭火器材的效力等。

第二,检查的方式。以定期或不定期检查、抽查、夜查、专项检查等方式进行,及时发现问题,消除隐患。

(2)安全检查措施如下。

第一,建筑施工现场每周要进行一次全面的安全生产大检查,作好详细的安全检查记录和考评打分记录,同时做好日检。

第二,在各类安全检查过程中,针对现场存在的重大事故隐患,下达重大事故隐患通知书,并限期进行整改。隐患整改单位在接到事故隐患通知书后,在整改期限内及时反馈隐患整改信息。

第三,在日常的安全检查工作中,要虚心听取使用方的意见和建议,必要时可以与使用方和监理公司联合组织安全检查工作。

第四,要督促整改,对复查时没有按要求整改的采取必要的处罚措施。

第五,搞好争创文明安全工地评比达标工作,由项目管理方组织各单位按月、季的安全检查打分情况和日常的安全检查情况,进行评比。

（四）安全教育制度

安全教育工作是整个安全工作中的一个重要环节,通过各种形式的安全教育,使全体施工人员增长安全知识,提高安全意识,调动他们的积极性,促进安全工作的全面开展。具体包括如下方面。

(1)进场施工的员工要参加 7 天脱产的安全学习,经考试合格后,方准上岗施工,否则,一律不准上岗。

(2)安全生产教育合格的员工,项目部的安全管理部门要进行登记造册,建立档案,使安全教育工作处在受控的状态中。

(3)定期进行全员的安全教育工作,管理人员每半月参加一次,工人每周参加一次安全教育。教育面要达至 100%,不留死角,因工作或其他原因不能参加的,应及时补课。

(4)严格执行班前安全教育制度,除对管理人员、工人进行文字安全技术交底外,班组长还应根据当天作业环境等因素,对本班组人员进行针对性的班前安全教育,做到班中检查班后总结。

（五）安全防护措施

施工中具体的安全防护措施包括以下方面。

(1)进入施工区域的所有人员必须佩戴好安全帽,否则,不准进入现场。

(2)凡从事 2m 以上,无法采取可靠安全防护设施的高处作业人员必须系好安全带,违者罚款。

(3)现场的各种安全防护设施,未经批准,任何人不准随意拆改。

(4)作好防高处坠落、物体打击,防触电,防机械伤害的各项安全防护工作。

(5)配电系统必须实行分级配电,各类配电箱、开关箱安装和内部设置必须符合有关规定,箱内电器必须可靠完好,其选型定值要符合规定,开关箱外观应完整,牢固防雨、防尘。箱体外应涂安全色标,统一编号,箱内无杂物,停止使用时应切断电源,箱门上锁。

(6)各种电器设备和电力施工机械的金属外壳、金属支架和底座,按规定采取可靠的接零或接地保护。

(7)配电箱必须设两级以上漏电保护装置,实行分级保护形成完整的保护系统,漏电保护装置的选择应符合漏电电流动作保护器的要求,开关箱内的漏电保护器其额定漏电动作电流应不大于 30mA,额定漏电动作时间应小于0.1s。

(8)现场各种高大设施,必须按规定装设避雷装置。

(9)临时用电必须设专人管理,分片包干,责任到人,非电工人员严禁乱拉乱接电源线和动用各类电器设备。对临时用电的线路及其设备,必须由专业电工每天进行巡视检查,发现问题及时处理。

(10)加强临时用电的安全管理工作,健全下列具体临时用电管理技术资料:临时用电施工组织设计的全部资料;临时用电技术交底资料;临时用电工程检查验收表;电气设备的试、检验凭单和调试记录;接地电阻测定记录表;定期检(复)查表;电工维修工作记录。

(六)施工用电安全保证措施

施工现场用电安全保证措施如下。

(1)施工现场临时配电线路按施工现场临时用电安全技术有关的规程要求架设整齐,架空线路采用绝缘导线。室内外线路与建筑施工机具、建筑物、车辆、行人,保持不小于最小安全距离,否则应采取安全保护隔离措施。

(2)接地方式按施工现场临时用电安全技术的有关规程执行,采用 TN-S 保护系统,接地电阻不大于 4Ω,在临设总配电柜处加重复接地。接地体采用镀锌角钢 L50X5 或镀锌钢管 DG50 埋设。

(3)配电系统采取分段配电,各类配电箱、盘外均应统一编号。停止使用的箱、盘应立即切断电源,箱门上锁。

(4)各种电器设备和电力施工机具的金属外壳和金属支架均应采用接零保护。

(5)实行三级配电两级保护,照明、动力分支电源应装设漏电保护装置,室内照明线路按规范布线和装设灯具,特殊场所应按规范使用安全照明电源。

(6)实行"一机、一闸、一漏、一箱"。

(7)使用电动工具和设备时应在空载情况下启动。操作人员应戴上绝缘手套穿上绝缘胶鞋,在金属台上作业时,工作台上应铺设绝缘垫板。电动工具和设备发生故障时,应及时进行修理。

(8)所有设备必须设有开关箱,开关箱应严密、完整、无损,开关箱上应有明显的保护接地线,开关规格应与所控制的设备相匹配。

(9)一般场所选用手持式电动工具,应装设额定动作电流不超过 15mA,额定漏电时间不大于 0.1s 的漏电保护器。

(10)手持式电动工具的外壳、手柄、负荷线插头、开关等必须完好无损,使用前应作空载检查,运转正常方可使用。漏电保护器必须做定期检查,以保证灵敏可靠。

(11)室外照明灯具不应低于 2.5m,室内灯头距地面不低于 2m。在电缆廊道、排风道施工使用的照明灯具或移动式手提电灯的电压不得超过 36V,在潮湿场所工作电压不得超过 24V。

(12)工地现场严禁使用电炉和没有安全保护外罩的碘钨灯,大容量照明灯具要距离易燃物品 1.5m 以上,且需装置牢固。特别是地下层施工作业区,必须严格注意照明灯具的安全使用。白炽灯、碘钨灯与可燃物距离不应少于 50cm,禁止用纸、布等可燃物作灯罩,禁止用照明灯具作生活取暖器和烘烤物品,镇流器安装应注意通风散热,不准将镇流器直接固定在可燃物上,经常检查开关有否由于局部过热导致变色、变形和发热的现象产生。定期检查开关绝缘性能以杜绝因用电引起的火灾。

(13)接零保护应符合下列规定:接引至电气设备的工作零线与保护零线必须分开,保护零线上严禁装设开关可熔断器;接引至移动式电动工具或手持电动工具的保护零线必须采用铜芯软线,其截面不宜小于相线的 1/3,且不得小于 1.5mm^2;用电设备的保护地线或保护零线应并联接地,并严禁串联接地或接零;保护地线或保护零线应采用焊接、螺栓连接或其他可靠方法连接。严禁缠绕或钩挂;保护零线和相线的材质应相同。

(七)机械使用安全保证措施

机械使用安全保证措施如下所示。

(1)机械设备应按其技术性能的要求正确使用,缺少安全装置或安全装置已失效的机械设备不得使用。各种机械设备的操作人员,必须经过有关部门组织的专业安全技术操作规程培训,考试合格后,持有效证件上岗。

（2）机械操作人员工作前，应对所使用的机械设备进行安全检查，严禁带病使用，严禁酒后操作。

（3）机械操作人员只要离开机械设备，必须按规定将机械放置于安全位置，并将操作室锁好，或把电器设备的控制箱拉闸上锁。

（4）施工现场的各类机械必须设专人负责安装、维修、保养、使用、检测等项工作，并要有详细的记录。施工组织设计应有施工机械使用过程中的定期检测方案。

（5）各类机械电气设备，在停止使用或停电时，必须将电源切断，闸箱门上锁，防止发生意外事故。

（6）基坑回填土方使用蛙式打夯机，必须两人操作，操作人员必须戴绝缘手套和穿绝缘胶鞋，操作手柄应有绝缘套，打夯机用后，应立即切断电源，严禁在夯机运转时清除积土。

（7）混凝土泵施工安全，具体如下。

第一，每班班前须检查泵体各部位、油路系统、电气系统，一切正常后再开动泵机。

第二，停止输送后应对泵体、管道进行清洗，以备下次再用。

第三，管道接头和垂直段的附墙装置必须牢固可靠，螺栓应拧紧。应经常检查螺栓松紧情况，以防止松脱造成事故。

第四，输送泵应搭防砸、防雨、防晒的防护棚。

第五，泵送设备的停车制动和锁紧制动应同时使用，轮胎应楔紧，水源应正常和水箱储满清水，料斗内应无杂物，各润滑点应润滑正常。泵送设备的各部螺栓应紧固，管道接头应紧固密封，防护装置应齐全可靠。各部位操作开关，调整手柄，手轮，控制杆，旋塞等应在正确位置。压力系统应正常无泄露。

第六，装备好清洗管的清洗用品，作业前，必须先按规定配制的水泥砂浆润滑管道。无关人员必须离开管道。应随时监视各种仪表和指示灯，发现不正常时，由技师调整或处理。入出输送管堵塞时，应进行逆向运转返料斗，必要时拆管排除堵塞，泵送工作应连续作业，必须暂停时应隔6～10分钟，泵送一次，若停止较长时间后，泵送时，应逆向运转一至二个行程，然后顺向力送。泵送时料斗内应保持一定数量的混凝土，不得吸空。

第七，应保持水箱内储水，发现水质浑浊并有较多砂粒时及时检查处理。

栗系统受压力时,不得开启任何输送管道和液压管道。液压系统的安全阀不得任意调整。蓄能只能冲入氨气。

第八,作业后,必须将料斗内和管道内混凝土全部输出,然后对泵机、料斗、管道进行清洗。用压缩空气冲压管道时,管道出口端前方 10m 内不得站人,并应用金属网篮等收集冲出的泡沫橡胶及砂石粒。

(八)电(气)焊作业安全保证措施

电(气)焊作业安全保证措施如下。

(1)所有施工人员必须持证上岗。

(2)保证各类电焊机的机壳有良好的接地保护。

(3)电焊钳要有可靠的绝缘,不准使用无绝缘的简易焊钳和绝缘把损坏的焊钳。

(4)在狭小的场地或金属管架上作业时,要用绝缘衬垫将焊工与焊件绝缘。

(5)如有人触电时,禁止用手拉触电人,应立即切断电源,如触电者已处于昏迷状态,应立即进行人工呼吸,并送医院抢救。

(九）消防措施

在施工过程中,必须做到防火制度健全,消防管理规范,实现本工程的火灾事故零指标。

1.组织管理

(1)工地消防工作要以"谁主管、谁负责"为原则,项目经理是施工现场防火责任人,全面负责施工现场的防火工作。

(2)施工现场要做到消防工作与生产工作同步布置,定期检查、总结评比,要逐级成立防火责任人,建立"三级"防火检查制,将防火安全工作任务纳入项目承包。落实到工地的各部门、班组及个人。

(3)按本工程的施工面积,配备一名专职防火检查员,并配备兼职防火检查员。

2.消防用水与消防器材配置要求

(1)施工现场要配备相应的消防器材,配备足够的消防水带,加压泵的电源线路应与施工电线分开架设和控制。

(2)通往消防源设施的道路必须保持畅通,其宽度不少于 3.5m,地面消防水源处要能停放车辆及有回转场地。

3.建立健全工地防火管理制度

(1)工地应定期组织有关人员进行防火检查,施工现场仓库,班组每天下班后进行防火检查一次,发现隐患及时上报并迅速整改。以驻场施工保卫为领导,按在场人员总数的10%组建一支有消防知识的义务消防队,并定期与消防部门联系,组织义务消防队进行消防知识培训及实习演练。

(2)施工现场内不准私自生火,因工程需要的,要报保卫部门办理动火手续。

(3)工程需要储存易燃、易爆等危险品,要报保卫部门审批,并要落实有关安全措施,按物品性能分类存放,专人看管。

(4)建立健全施工现场防火资料档案,执行消防中的奖罚制度。

(十)其他安全保证措施

其他安全保证措施如下。

(1)施工中将建立门卫和巡逻护场制度,并佩带执勤标志,进入现场凭统一证件,外来人员不准随意出入。

(2)加强对施工班组工人的日常管理,掌握人员的数量,制订治安、消防协议。经常对职工进行治安、防火教育,现场配备齐全消防器材,易燃易爆物品处设有专门消防设施。

(3)施工现场氧气与乙炔瓶距明火作业点不少于10m,并要有防回火装置。

(4)施工现场内临设修建符合防火要求,水源配置合理。现场严禁吸烟,必要时设有吸烟尘区。现场及生活区不得乱拉电线,接用电热器具。

(5)实行逐级消防责任制,并检查执行处理隐患,奖罚分明。

(6)遵守国家、自治区政府颁布的控制环境污染的有关法规,采取有效措施防止油料、噪声、污水、垃圾、尘土等污染环境。

第八章　图书馆建设项目施工验收管理

第一节　项目施工验收目标

要想对建筑工程质量做有效的控制,就必须保证建筑工程施工质量。在验收及验收统一标准的执行过程中,由于各种各样的原因,质量责任各方具有不同的认识,在验收中,要完完全全做到符合统一标准是有一定困难的。本章主要针对建筑工程施工质量验收的重要性,从验收的要求、标准、程序和组织等方面来进行探讨,并对如何组织做好验收工作提出一些解决方法。

保证建设工程质量过关,不仅影响着生产经营活动与人们的日常生活,更对人民生命财产安全有着不容忽视的影响。从工程质量的形成过程来看,工程施工是决定性环节,而验收建筑工程的施工质量则是建筑工程质量控制的关键一环。

一、施工质量验收的要求和标准

(一)质量验收的要求

建筑工程施工质量的验收要求主要体现在以下几方面:建筑工程施工质量必须符合《建筑工程施工质量验收统一标准》中的相关规定,满足设计文件和工程勘察中的要求①。为了保证工程质量,各方参与施工与验收的相关人员均应

---

① 张剑.建筑工程项目施工质量控制与研究[D].沈阳:沈阳大学,2014.

具备有关规定所要求的专业技术资格①。另外,施工单位还需要对工程质量进行自我检查和评定,这是验收工程的基础。任何与结构安全相关的试件、试块以及相关材料都必须提前进行验证并取样检测。

(二)质量验收的标准

(1)验收检验批的质量时必须参照以下规定进行检测:①一般项目和主控项目的质量应采取抽样的方式,分别进行检验和整体预估;②质量检查记录是施工操作的依据,要确保它的完整性。

(2)分项工程的质量验收必须参照以下规定进行检测:①分项工程中所包含的检验批必须达到合格的标准;②关于分项工程中所包含的检验批的质量数据,必须做好详细的记录。

(3)在对验收分部(子分部)工程质量进行验收时必须参照以下标准:①保证验收分部(子分部)工程中所包含的所有分项工程的质量符合相关标准的具体要求;②提前准备好详细完整的质量控制资料;③在对地基、设备安装和基础、主体结构等分部工程进行校验时,要保证相关功能的安全性,对其进行抽样检测,检测结果必须满足相关文件中的要求;④验收的观感质量也必须达到相应的标准。

(4)单位或者子单位工程质量验收过程中应该遵循如下标准:①验收单位或子单位工程所含分部或子分部工程,其整体质量必须达到对应的合格标准;②相关的质量控制资料应该准备齐全;③检测单位或者子单位工程中所包含分部工程的相关功能以及对应的安全资料必须提前准备妥当;④主要功能项目完成后,对其结果进行抽查,必须达到相关专业质量验收规范的要求。

二、施工质量的验收顺序

建筑工程施工质量验收主要分为以下顺序:①单位或者子单位工程的质量验收;②分部或者子分部工程质量验收;③分项工程质量验收;④检验批质量验收。

---

① 李湘君.图书馆柔性化服务与读者心理环境的思考[J].科技信息,2011(36):122 - 123.

三、施工质量验收的组织和程序

（一）检验批质量验收的组织和程序

每期主要内容可以分为两部分：①检验批施工完成并由施工单位自检合格以后，《检验批质量验收记录表》交由项目相关的专业质量检查员进行填报；②由技术负责人统一组织施工单位项目指派的专业质检员进行验收，以国家质量检测的统一规定为标准，验收合格后签认。

（二）验收分项工程质量的组织和程序

验收分项工程质量的组织和程序主要内容有两方面：①施工单位在完成分项工程之后，先进行自检，只有自检合格后，才能够按照规定填报《_____分项工程质量验收记录》与《_____分项工程报验申请表》；②施工单位应该安排相关监理工程师（建设单位项目专业技术负责人）组织有关人员进行验收，并对分项工程质量进行及时签字认证①。

（三）验收分部或者子分部工程质量的程序和组织

验收分部或者子分部工程质量的程序和组织主要内容可以分为如下部分：①分部或者子分部工程完成后，先由施工单位进行自检，只有自检合格才能填报《_____分部（子分部）工程质量验收记录表》；②施工单位在完工主体结构、地基基础分部工程后，应该首先自检，自检合格后方可填写《_____分部（子分部）工程质量验收记录表》，勘察、监理、建设、设计等单位在施工单位报请质量、技术部门同意，共同验收分部工程，并将验收报告提交建设工程质量监督机构。

（四）验收单位或者子单位工程质量的程序和组织

验收单位或者子单位工程质量的程序和组织主要内容有：①施工单位的相关人员在完成单位（子单位）工程后，组织进行自检，并进行检查结果的评定工作，在达到要求后将完整的质量资料和工程竣工验收报告提交给建设单位，再联系建设单位进行验收；②建设单位的负责人或者项目负责人在提交工程竣工验收报告之后，组织施工单位的有关项目负责人进行验收并签认单位（子单位）工程。

---

①　李艳艳.内部审计在物资招投标中的应用[J].科技信息,2009(2):556.

四、加强施工现场安全管理

总而言之,施工现场管理是土建工程建设过程中的重要组成部分,该管理工作做得好坏,不仅关系着施工人员的生命财产安全,同时还会影响到施工企业的经济效益以及整个土建工程的建设质量。因此,作为企业的相关管理人员,需要不断学习和总结现场施工管理工作的要点,从而确保在今后的现场管理过程中能够对相应的管理措施进行优化,以减少施工问题的出现。

第二节　项目施工验收内容

在图书馆建筑工程的建设中怎样把好质量关,怎样检测建筑成品的好坏,需要一套行之有效的标准来确保工程的质量、进度。建筑工程施工质量验收统一标准由此产生。随着社会经济的不断发展,工程质量验收要求也由低标准过渡到高标准,同时由于各种新材料、新结构的产生,相应的建筑工程验收标准也在不断地更新中。

一、图书馆建筑工程项目施工验收内容

建筑工程要严格按照相关文件和设计图纸的要求来进行施工,进而完成生产。建筑施工是把设计图纸上的内容付诸实践,在建设场地上进行生产,形成实体工程,完成建筑产品的一项活动。从某种程度上来说,施工过程决定了建筑工程的质量,是十分重要的环节。然而,建筑工程的施工质量是由施工过程中各层次、各环节、各工种、各工序的操作质量决定的,因此要想保证建筑实体的质量就要保证施工过程的质量。

验收过程是指在施工过程中进行自身检测评定的条件下,有关建设施工单位一起对单位、分部、分项、检验批工程质量实施抽样验收,并且按照国家统一标准对实体工程质量是否达标做出书面形式的确认。作为建筑施工过程中的重要环节,质量验收包含各个阶段的中间验收以及工程完工验收这两个方面。经过施工中不同阶段产生的产品以及完工时最终产品的质量验收,从阶段控制以及最终质量把关两个方面对建筑工程质量进行控制,以此实现建筑实体所要

达到的功能和价值,同时实现建设投资的社会效益以及经济效益。

建筑工程的施工质量关系到社会公众利益、人民生命财产安全和结构安全。国家相关部门对建筑工程施工质量非常关心,放弃了"管不好""不该管"的管理政策,不再"大包大揽",而是全面重视质量管理以及验收工作,严格控制验收过程,严禁不合格的建筑实体进入社会,确保建筑施工的质量,保证人民的财产和生命安全。

二、图书馆建筑工程项目施工质量验收统一标准

"建筑工程施工质量验收统一标准"是针对之前工程质量标准中一管到底,全过程贯彻,责任不明的弊端而制定的。同时,结合国家对于建筑施工管理的政策和方针,提出了"过程控制、完善手段、强化验收、验评分离"的新指导思想。

强化验收是指将评定标准中的质量评定内容与原施工中的验收环节合并起来,形成科学、完整的施工质量规范,作为国家统一标准,是施工过程中必须达到的最低要求,是建设工程的最低标准,同时也是建筑施工质量验收的最低标准。

验评分离是指将原验收规范及施工中的质量验收和原验评标准的质量评定结合,将原验收规范及施工中的施工质量和工艺验收的内容分开,将原验评标准的质量评定与质量检验的内容分开,完成工程施工质量验收。

完善手段主要由以下三方面构成:①加强对建筑实体的质量监控,检验实体结构;②补充完善验收规范的内容,摆脱观感的影响和人为因素的干扰;③完善施工工艺的检测方法。

过程控制是依据施工过程质量的特点进行质量的管理。在控制施工过程的基础上进行施工质量的验收,检验批、分部、分项、单位工程各环节的验收即为过程控制。统一标准的验收不只是施工单位工程完工时的最后的验收,还应当是多层次、全过程的验收①。

《建筑工程施工质量验收统一标准》(GB 50300-2013)只给出了一个质量是否合格的标准,不合格不被验收,合格即进行验收。建筑施工质量的验收是由工程施工中能够影响施工质量的各个单位,包括监理单位、施工单位、设计单

①　张莹.我国招标投标的理论与实践研究[D].杭州:浙江大学,2002.

位、勘察单位、建设单位共同进行的验收,同时由质量监督站实施监督管理。

三、图书馆建筑工程项目验收程序和组织的标准化

(1)分项工程及检验批的验收程序与组织的标准化。①分项工程验收:项目专业技术负责人＋专业监理工程师验收。②检验批验收:项目专业质检员＋专业监理工程师验收。③所有分项工程和检验批都应该由建设单位项目技术负责人或监理工程师组织验收。④在验收之前,建筑施工单位先填好"分项工程和检验批的验收记录"(结论和有关监理记录无须填写),并由项目专业技术负责人和项目专业质量检验员分别在分项工程和检验批质量检验记录的相关部分签字,最后由监理工程师领导,严格遵守相关规定流程进行验收。

(2)单位(子单位)工程的验收程序与组织标准化。①总监理工程师领导各专业监理对各环节工程质量情况及完工资料进行全方位的检查,对于检查得出的问题,及时督促建筑施工单位合理、科学地整改。②经项目监管部门对建筑实体及完工资料全面评定、验收达标后,由总监理工程师在工程完工验收单中签字,并且向建设单位提交质量评估的报告。

(3)分部工程的验收程序与组织标准化。①分部工程验收:施工单位项目负责人＋建设单位项目负责人(总监理工程师)＋项目技术、质量负责人验收。②施工单位质量、技术部门负责人和与主体结构、地基基础分部工程相关的设计、勘察单位工程项目负责人也需要参与到相关分部工程的验收过程中。

(4)建设工程竣工验收标准化。①建设工程竣工验收条件标准化。②参加者:设计、施工(含分包单位)、监理等单位。③组织者:建设单位。第一,有施工单位签署的工程保修书;第二,有工程监理、施工、设计、勘察等单位分别签署质量达标的文件;第三,有工程所需的主要建筑构设备和配件、建筑材料的进场试验报告;第四,有完整的施工管理资料和技术档案;第五,完成合同约定和建设工程设计的各项内容。④验收质量出现的问题的处理手段标准化。如果参与验收的各方面代表对施工质量的验收评价不一致时,需要请当地的工程质量监督部门或建设行政主管单位进行协调处理①。

---

① 李刚.中小学建筑工程质量控制与质量保障体系研究[D].西安:西安建筑科技大学,2005.

（5）建筑工程竣工管理与验收备案的标准化。图书馆建筑工程质量验收达标后,建设单位必须在规定的时间内把工程竣工验收有关文件和验收报告,送到建设行政管理机构进行备案。①国务院建设行政主管机构和其他相关专业单位担负着全国所有建筑工程施工质量验收的监督管理工作,而县级以上地方人民政府所建立的行政主管部门只负责该行政区域内工程的施工质量验收监督管理工作。②所有在中华人民共和国境内改建、扩建、新建的市政基础设施工程和各种房屋建筑工程的完工质量验收,都应当依据有关规范进行备案。

在我国,建筑行业流传一句格言:百年大计、质量第一。只有严格遵守建筑工程中施工质量验收的统一的标准进行施工技术的检查,才能使建筑工程达到优质工程质量的管理目标。

随着改革的深入和市场进程的加快,我国建筑行业的生产力得到了迅猛的发展,建筑施工质量验收检测,关系到项目工程相关人员的人身安全,更关系到项目工程的质量,同时也是能否顺利完成工程项目的关键,也就是说,工程项目的质量控制是企业长期稳定发展的保证,也是企业得以立足的根本。此外,工程项目的建设不能像工业产品一样实施拆卸、维修,也就是具有不可倒推性,所以,对建筑工程项目的质量进行控制就显得尤为重要。

第三节　项目施工竣工决算

一、图书馆工程项目竣工决算前的准备资料

（1）竣工决算编制依据。甲乙双方共同认可的竣工图纸、图纸会审记录、设计院的设计变更、施工单位的工程联系单、建设方的书面通知及工程通用做法、施工经济签证、施工合同、招标文件、投标文件、施工组织设计、当地官方发布的工程价格信息、工程施工验收规范及强制性标准等都是编制工程决算的主要依据,也是做好竣工决算的前提工作。

（2）收集整理决算资料。熟悉工程决算资料内容,按照日期先后顺序进行分类、归纳、整理,对工程内容进行划分,同时熟悉工程量计算规则。另外,为了保证最后竣工决算结果的准确性,还要做好计算工程量和定额价格管理等

工作。

二、图书馆全面做好各项清理工作

在编制竣工财务决算前,需要对各类债权债务、各种资产以及项目合同执行进行清理,清理工作在项目实施过程中应有计划地进行,防止长期积压和滞后,影响决算编制进度和质量。首先,应重视对资金的清理。在清理过程中,对于资金的分配、使用以及结余情况,一定要进行全面的核实。对于每一个工程项目的资金使用情况都应当与概算比较,仔细核对,明确资金是否到位,是否合理使用。其次,要及时做好合同清理工作。对于建筑工程而言,合同清理具有数量多、金额大、涉及面广、跨度时间长等特点,合同清理对做好工程结算、合理确定工程投资总额、未完工程金额等具有重要作用,及时做好该项工作,才能保证后续工作的顺利进行。同时,在进行清理工作过程中,应当对工程物资进行清查盘点,掌握应交付资产的相关信息,为以后的资产移交创造条件。最后,进行各类债权债务的清理。债权债务的清理能够促使有关款项的及时收回,减少工程完工后的遗留问题

三、图书馆严把合同相关条款

双方在签订工程施工合同时,对现有工程的条件、注意事项要准确定义,特别对需要商定的内容以及双方所承担的责任与义务,应有明确规定。合同谈判时建议有专业人员参与,对一些涉及结算问题的条款,应要求造价人员参与其中。在工程施工过程中,由于各种原因不可避免地会产生工程设计的变更,经济签证、材料认价等费用的变更,这些都应在合同中有所体现。除此之外,合同价款调整的方式、工程索赔的方式等也要做出说明。

四、现场签证的办理和管理

在建筑安装工程施工中,由于各种原因,现场需要改变施工方案,此时我们就需要做一个现场签证,并经过监理和建设单位的签字盖章确认,作为结算文件的组成部分。此外,还有其他不可抗拒的因素,导致要签证的情况施工单位要注意在变更项目施工完毕后及时向建设单位申报有关变更情况提交相关签证结算资料。甲乙双方在变更项目实施过程中都要充分做好基础资料的收集,

为最终变更索赔结算的确定提供依据①。此外,要避免重复签证的情况发生。签证办理人员要熟悉工程的实际情况,深入了解工程内容以及定额子目所包含的具体工作内容,避免实际中所包括的内容进行重复签证的情况发生。

五、强化造价管理人员的专业素质

建筑竣工决算编制的顺利开展需要充足的建筑工程造价人员,材料的收集、整理、分析工作均要依靠工程造价人员来完成,而这些造价人员的专业素质就显得极为重要,因此需要增加其参与实践训练的机会,提升业务水平,从而使其在价格信息收集、价格动态掌握、费用支出确认与控制、工程造价动态分析报告编制等方面提升效率与质量。

第四节　案例分析:新疆图书馆二期改扩建工程项目施工验收管理

此处以新疆维吾尔自治区图书馆二期改扩建工程项目施工验收管理方案为例。在新疆图书馆二期改扩建工程项目施工验收过程中,验收人员结合工程实际建设情况,广泛搜集相关设计变更资料,认真审核各种签证,明确验收目标,控制验收的每一个环节和步骤,保证验收的真实性、客观性和全面性。表8-1为施工质量验收检验批划分方案。

表 8-1　施工质量验收检验批划分方案

序号	分部工程	子分部工程	分项工程
1	地基与基础	土方	土方开挖、土方回填、场地平整
		基坑支护	灌注桩排桩围护墙,重力式挡土墙,板桩围护墙,型钢水泥土搅拌墙,土钉墙与复合土钉墙,地下连续墙,咬合桩围护墙,沉井与沉箱,钢或混凝土支撑,锚杆(索),与主体结构相结合的基坑支护,降水与排水地

---

① 王明礼.国内大型施工项目综合评标研究[D].西安:长安大学,2011.

（续表）

序号	分部工程	子分部工程	分项工程
1	地基与基础	地下防水	主体结构防水,细部构造防水,特殊施工法结构防水,排水,注浆
		混凝土基础子分部工程	模板、钢筋、混凝土、配筋砌体
		钢结构基础	钢结构焊接,紧固件连接,钢结构制作,钢结构安装,防腐涂料涂装
		桩基础	先张法预应力管桩,钢筋混凝土预制桩,钢桩,泥浆护壁混凝土灌注桩,长螺旋钻孔压灌桩,沉管灌注桩,干作业成孔灌注桩,锚杆静压桩
		加固及基础托换	另有专项方案,此处略
		砌体基础	砖砌体,混凝土小型空心砌块砌体,石砌体,配筋砌体
2	主体结构	混凝土结构	模板、钢筋、混凝土、现浇结构
		钢结构	钢结构焊接,紧固件连接,钢零部件加工,钢构件组装及预拼装,单层钢结构安装,多层及高层钢结构安装,钢管结构安装,预应力钢索和膜结构,压型金属板,防腐涂料涂装,防火涂料涂装
		砌体结构	砖砌体、混凝土小型空心砌块砌体、填充墙砌体、配筋砌体
3	建筑给水、排水及采暖	室内给水系统	给水管道及配件安装、室内消火栓系统安装、给水设备安装、管道防腐绝热
		室内排水系统	排水管道及配件安装、雨水管道及配件安装
		室内热水供应系统	管道及配件安装、辅助设施安装、防腐、绝热
4	建筑电气	室外电气	电线、电缆导管和线槽敷设,电线、电缆穿管和线槽敷设
5	屋面	基层与保护	找坡层和找平层,隔汽层,隔离层,保护层
		保温与隔热	板状材料保温层,纤维材料保温层,喷涂硬泡聚氨酯保温层,现浇泡沫混凝土保温层,种植隔热层,架空隔热层,蓄水隔热层

（续表）

序号	分部工程	子分部工程	分项工程
5	屋面	防水与密封	卷材防水层,涂膜防水层,复合防水层,接缝密封防水
		瓦面与板面	烧结瓦和混凝土瓦铺装,沥青瓦铺装,金属板铺装,玻璃采光顶铺装
		细部构造	檐口,檐沟和天沟,女儿墙和山墙,水落口,变形缝,伸出屋面管道,屋面出入口,反梁过水孔,设施基座,屋脊,屋顶窗

（1）地下室按Ⅰ～Ⅷ段来划分。

（2）地上部分按Ⅰ～Ⅷ各自楼层来划分。

（3）各分项工程按《建筑工程施工质量验收统一标准》GB 50300－2013 划分检验批进行验收。

（4）建筑节能按《建筑节能工程施工质量验收规范》GB 50411－2007 进行楼层划分。

参 考 文 献

［1］中国建筑西北设计研究院.图书馆建筑设计规范［M］.北京:中国建筑工业
出版社,1999.

［2］王赫.建筑工程事故处理手册［M］.北京:中国建筑工业出版社,1994.

［3］郑志恒,孙洪,张文举.项目管理概论［M］.北京:化学工业出版社,2012.

［4］肖凯成,郭晓东,李灵.建筑工程项目管理［M］.北京:北京理工大学出版
社,2012.

［5］胡六星,赵小娥.建筑工程经济［M］.2版.北京:北京大学出版社,2014.

［6］沙里宁.城市:它的发展、衰败与未来［M］.北京:中国建筑工业出版
社,1986.

［7］天恒久.工程经济［M］.3版.武汉:武汉理工大学出版社,2014.

［8］李飞.高校基建管理手册［M］.北京:中国水利水电出版社,2005.

［9］李艳荣.建筑工程项目管理组织结构的设计［J］.建筑技术,2016(6):565 -
567.

［10］全国一级建造师执业资格考试用书编委会.建设工程法规及相关知识
［M］.北京:中国建筑工业出版社,2009.

［11］周希祥,薛乐群.中国高等学校基建管理［M］.北京:科学出版社,1996.

［12］中华人民共和国建设部.建设工程监理规范(GB5039 - 2000)［M］.北京:
中国建筑工业出版社,2000.

［13］崔艳秋,吕树俭.房屋建筑学［M］.北京:中国电力出版社,2008.

［14］孙澄.当代图书馆建筑创作［M］.北京:中国建筑工业出版社,2012.

［15］吴鑫莹.浅谈图书馆人性化设计［J］.广西轻工业,2013(8):146 - 148.

［16］邓绍敏.建设工程投标报价的风险分析及决策研究［D］.南昌:南昌大
学,2005.

[17] 顾广平.浅析如何加强设计变更和签证管理[J].山西建筑,2009(7):259 -
260.

[18] 李明华.论图书馆设计 国情与未来:全国图书馆建筑设计学术研讨会文集
[M].杭州:浙江大学出版社,1994.

[19] 顾建新.图书馆建筑的发展[M].南京:东南大学出版社,2012.

[20] 严明.20 世纪中国图书馆建筑之演变[M]//中国图书馆学会.中国图书馆
事业百年.北京:北京图书馆出版社,2004.

[21] 臧炜彤,韩丽红.建设法规概论[M].北京:中国电力出版社,2010.

[22] 袁丽琰,高力强.新中含旧,旧中生新——谈石家庄铁道学院图书馆扩建
设计[J].河北科技图苑,2005(2):19 - 21.

[23] 曲修山.工程建设合同管理[M].北京:中国建筑工业出版社,1997.

[24] 高冀生.高校图书馆扩建对策[J].大学图书馆学报,2000(6):8 - 12.

[25] 顾广平.浅析如何加强设计变更和签证管理[J].山西建筑,2009(7):259 -
260.

[26] 王文斐.高校基建工程管理的现状分析及控制措施[J].建筑安全,2015
(2):48 - 51.

[27] 翟晓婷.谈当代高校图书馆建筑设计[J].山西建筑,2014(35):35 - 36.

[28] 周波.数字图书馆个性化信息服务中的用户隐私保护[J].图书馆论坛,
2008(5):126 - 128,21.

[29] 尹航.基于 BIM 的建筑工程设计管理初步研究[D].重庆:重庆大学,2013.

[30] 李新.关于图书馆建筑人性化设计的思考[J].中华民居,2012(6):87.

[31] 王世伟.当代图书馆建筑设计中应理性处理的各种关系和矛盾[J].图书馆
论坛,2006(6):269 - 272.

[32] 杨振远,王瑞.图书馆建筑选址新论[J].河北科技图苑,2007(2):10 - 13.

[33] 张勇,时雪峰,刘艳磊.高职院校图书馆建筑功能设计五步曲[J].河北科技
图苑,2008(2):12 - 14.

[34] 谢观坤.从人文关怀的视角谈汕头大学图书馆设计[D].汕头:汕头大
学,2012.

[35] 赵河清.保定学院图书馆建筑设计透视[J].河北科技图苑,2008(2):15 -
17.

［36］张剑.建筑工程项目施工质量控制与研究［D］.沈阳:沈阳大学,2014.

［37］李湘君.图书馆柔性化服务与读者心理环境的思考［J］.科技信息,2011(36):122-123.

［38］李艳艳.内部审计在物资招投标中的应用［J］.科技信息,2009(2):556.

［39］张莹.我国招标投标的理论与实践研究［D］.杭州:浙江大学,2002.

［40］李刚.中小学建筑工程质量控制与质量保障体系研究［D］.西安:西安建筑科技大学,2013.

［41］王明礼.国内大型施工项目综合评标研究［D］.西安:长安大学,2011.